油气管道专业
危害因素辨识与风险防控

中国石油天然气集团有限公司人事部　编

石油工业出版社

内 容 提 要

本书是《石油石化安全知识培训教程》中的一本，主要介绍了油气管道相关的安全理念与要求、风险防控方法与工作程序、基础安全知识、油气管道操作安全、危险作业管理、事故事件与应急处置、典型事故案例。

本书可供油气管道相关的操作人员和管理人员学习阅读。

图书在版编目（CIP）数据

油气管道专业危害因素辨识与风险防控/中国石油
天然气集团有限公司人事部编. —北京：石油工业出版社，
2018.4

石油石化安全知识培训教程

ISBN 978-7-5183-2533-7

Ⅰ.①油… Ⅱ.①中… Ⅲ.①油气运输-管道运输-
安全危害因素-风险管理-安全培训-教材 Ⅳ.①TE973

中国版本图书馆 CIP 数据核字（2018）第 067840 号

出版发行：石油工业出版社
　　　　　（北京市朝阳区安华里2区1号楼　　100011）
　　　　　网　　址：www.petropub.com
　　　　　编辑部：（010）64243803
　　　　　图书营销中心：（010）64523633
经　　销：全国新华书店
印　　刷：北京晨旭印刷厂
2018年4月第1版　　2022年3月第4次印刷
787×1092毫米　开本：31/16　印张：12.75
字数：295千字
定价：50.00元

（如发现印装质量问题，我社图书营销中心负责调换）

《油气管道专业危害因素辨识与风险防控》
编 审 人 员

主　　编　季　明

副 主 编　曹　涛　　　张宏涛

编写人员　王　洋　　　张泽文　　　吕　超　　　张　凡

　　　　　陈晓虎　　　刘少柱　　　张娜娜　　　来　源

审定人员　苏维刚　　　张　文　　　耿　彬　　　吴志宏

　　　　　朱成林　　　杨雪梅　　　李　楠　　　井丽磊

　　　　　张晏博　　　陆丕明　　　姜　洋　　　高东健

　　　　　朱　蕾　　　张彦敏

前　言 ◆ ◆ ◆

为进一步保障一线员工人身安全，控制生产过程安全风险，减少或消除安全生产事故，中国石油天然气集团有限公司人事部牵头组织，分专业编写了系列《石油石化安全知识培训教程》，以期满足员工安全知识学习、培训、竞赛、鉴定需要，促进一线员工学习风险防护知识，提升一线员工风险防控能力。

本系列教程以危害因素辨识与风险防控为主线，结合工作性质、现场环境特点，介绍员工必须掌握的安全知识，以及生产操作过程中的风险点源和防控措施，具有较强的实用性。本系列教程还附录大量训练试题，方便员工学习和培训，巩固和检验学习、培训效果。

本系列教程的出版发行，将为石油石化企业员工的危害因素辨识与风险防控培训工作提供重要抓手。更为重要的是，该系列教程的出版发行进一步展现了中国石油为避免安全生产事故所作的努力和责任担当，充分体现了其对员工安全的重视和关怀。

《油气管道专业危害因素辨识与风险防控》是系列教程之一。本书涉及输油工、输气工、油气管道保护工、电工、管工、带压封堵工、电焊工、气焊工、钳工、仪表维修工等主要油气管道专业，讲述了安全理念与要求、风险防控方法与工作程序、基础安全知识、油气管道操作安全、危险作业管理、事故事件与应急处置、典型事故案例等七个方面的内容。本书配套"油题库"APP，员工可在手机移动端进行自主练习和组卷测试。

《油气管道专业危害因素辨识与风险防控》由中国石油天然气股份有限公司管道分公司组织编写，得到了中石油管道有限责任公司人力资源部和管道分公司潘殿军的大力支持。北京天然气管道有限公司孟祥岩、西气东输管道分公司王芳、西部管道分公司郑登锋、西南管道分公司门立国也对本书的编写提出了宝贵的意见和建议，在此表示特别感谢。

由于编者水平有限，书中错误、疏漏之处恳请广大读者提出宝贵意见。

编　者

2018 年 2 月

目 录 ◆◆◆

第一章

安全理念与要求

第一节　法律法规

一、法律

法律特指由全国人民代表大会及其常务委员会依照一定的立法程序制定和颁布的规范性文件。法律是法律体系中的上位法，地位和效力仅次于《中华人民共和国宪法》，高于行政法规、地方性法规、部门规章、地方政府规章等下位法。

涉及安全、环境的法律有《中华人民共和国安全生产法》《中华人民共和国环境保护法》《中华人民共和国消防法》《中华人民共和国道路交通安全法》《中华人民共和国职业病防治法》《中华人民共和国特种设备安全法》等。

二、法规

（一）行政法规

行政法规是由国务院组织制定并批准颁布的规范性文件的总称。行政法规的法律地位和法律效力低于法律，高于地方性法规、部门规章、地方政府规章等下位法。

涉及安全、环境的行政法规有《安全生产许可证条例》《危险化学品安全管理条例》《生产安全事故报告和调查处理条例》《工伤保险条例》等。

（二）地方性法规

地方性法规是指由省、自治区、直辖市和设区的市人民代表大会及其常务委员会，依照法定程序制定并颁布的，施行于本行政区域的规范性文件。地方性法规的法律地位和法律效力低于法律、行政法规，高于地方政府规章。

涉及安全、环境的地方性法规如《河北省安全生产条例》《天津市环境保护条例》等。

三、规章

规章分为部门规章和地方政府规章。

（一）部门规章

部门规章是指国务院的部委和直属机构按照法律、行政法规或者国务院授权制定在全国范围内实施行政管理的规范性文件。部门规章的法律地位和法律效力低于法律、行政法规，高于地方政府规章。

涉及安全、环境的部门规章有《建设项目职业病防护设施"三同时"监督管理办法》《安全生产违法行为行政处罚办法》《安全生产事故隐患排查治理暂行规定》《生产经营单位安全培训规定》等。

（二）地方政府规章

地方政府规章是指由地方人民政府依照法律、行政法规、地方性法规或者本级人民代表大会或其常务委员会授权制定的在本行政区域内实施行政管理的规范性文件。地方政府规章是最低层级的立法，其法律地位和法律效力低于其他上位法，不得与上位法相抵触。

涉及安全、环境的地方政府规章如《河北省陆上石油勘探开发环境保护管理办法》《天津市危险废物污染环境防治办法》等。

四、相关法律法规

（一）《中华人民共和国安全生产法》

《中华人民共和国安全生产法》（以下简称《安全生产法》）于 2002 年 6 月 29 日由第九届全国人大常委会第二十八次会议审议通过，2002 年 11 月 1 日起施行；2014 年 8 月 31 日第十二届全国人大常委会对《安全生产法》进行了修订，自 2014 年 12 月 1 日起施行。

1. 我国安全生产工作的基本方针

《安全生产法》第三条规定："安全生产工作应当以人为本，坚持安全发展，坚持安全第一、预防为主、综合治理的方针，强化和落实生产经营单位的主体责任，建立生产经营单位负责、职工参与、政府监管、行业自律和社会监督的机制。"

"安全第一、预防为主、综合治理"是安全生产的基本方针，是《安全生产法》的灵魂。《安全生产法》明确提出了安全生产工作应当以人为本，将坚持安全发展写入了总则，对于坚守红线意识，进一步加强安全生产工作，实现安全生产形势根本性好转的奋斗目标具有重要意义。安全生产，重在预防。《安全生产法》关于预防为主的规定，主要体现在"六先"，即安全意识在先、安全投入在先、安全责任在先、建章立制在先、隐患预防在先、监督执法在先。

2. 从业人员的安全生产权利和义务

生产经营单位的从业人员是各项生产经营活动最直接的劳动者，是各项法定安全生产的权利和义务的承担者。《安全生产法》第六条规定："生产经营单位的从业人员有依法获得安全生产保障的权利，并应当依法履行安全生产方面的义务。"《安全生产法》第三章对从业人员的安全生产权利义务作了全面、明确的规定，并且设定了严格的法律责任，为保障从业人员的合法权益提供了法律依据。

1）从业人员的权利

《安全生产法》规定了各类从业人员必须享有的，有关安全生产和人身安全的最重要、最基本的权利，这些基本的安全生产权利可以概括为五项。

（1）获得安全保障、工伤保险和民事赔偿的权利。

《安全生产法》第四十九条规定："生产经营单位与从业人员订立的劳动合同，应当载明有关保障从业人员劳动安全、防止职业危害的事项，以及依法为从业人员办理工伤保险的事项。生产经营单位不得以任何形式与从业人员订立协议，免除或者减轻其对从业人员因生产安全事故伤亡依法应承担的责任。"

《安全生产法》第四十八条规定："生产经营单位必须依法参加工伤保险，为从业人员缴纳保险费。"

《安全生产法》第五十三条规定："因生产安全事故受到损害的从业人员，除依法享有工伤保险外，依照有关民事法律尚有获得赔偿的权利的，有权向本单位提出赔偿要求。"

此外，《安全生产法》第一百零三条规定："生产经营单位与从业人员订立协议，免除或者减轻其对从业人员因生产安全事故伤亡依法应承担的责任的，该协议无效。"

（2）得知危险因素、防范措施和事故应急措施的权利。

《安全生产法》第五十条规定："生产经营单位的从业人员有权了解其作业场所和工作岗位存在的危险因素、防范措施及事故应急措施，有权对本单位的安全生产工作提出建议。"

生产经营单位的从业人员是各种危害因素的直接接触者，而且往往是生产安全事故的直接受害者，所以《安全生产法》规定，生产经营单位的从业人员有权了解其作业场所和工作岗位存在的危险因素和事故应急措施，并且生产经营单位有义务向从业人员事前告知有关危害因素和事故应急措施，否则，生产经营单位就侵犯了从业人员的权利，并对由此产生的后果承担相应的法律责任。

（3）对本单位安全生产的批评、检举和控告的权利。

《安全生产法》第五十一条规定："从业人员有权对本单位安全生产工作中存在的问题提出批评、检举、控告。"

从业人员一般都是生产经营单位生产作业活动的基层操作者，他们对安全生产情况尤其是安全管理中存在的问题、现场隐患最了解、最熟悉，具有他人不可替代的作用。只有依靠他们并赋予其必要的安全生产监督权和自我保护权，才能做到预防为主、防患于未然，才能保障从业人员的人身安全和健康。

（4）拒绝违章指挥和强令冒险作业的权利。

《安全生产法》第五十一条规定"从业人员有权拒绝违章指挥和强令他人冒险作业。"

很多事故的发生经常是由于企业负责人或管理人员违章指挥或强令从业人员冒险作业造成的，所以法律赋予了从业人员拒绝违章指挥和强令冒险作业的权利，不仅是为了保护从业人员人身安全，也是为了警示生产经营单位负责人和管理人员必须照章指挥，保证安全，并且不得因从业人员拒绝违章指挥或强令冒险作业而对其打击报复。

（5）紧急情况下停止作业或紧急撤离的权利。

《安全生产法》第五十二条规定："从业人员发现直接危及人身安全的紧急情况时，有权停止作业或者在采取可能的应急措施后撤离作业场所。生产经营单位不得因从业人员在前款紧急情况下停止作业或者采取紧急撤离措施而降低其工资、福利等待遇或者解除与其订立的劳动合同。"

由于生产活动中不可避免地存在自然或人为的危险因素，这些危险因素将会或可能会对从业人员造成人身伤害。例如，油气管道企业可能发生的着火爆炸、有毒有害气体泄漏、危化品泄漏、自然灾害等紧急情况并且无法避免时，法律赋予从业人员享有停止作业和紧急撤离的权利。

从业人员在行使停止作业和紧急撤离权利时必须明确以下四点：

一是危及从业人员人身安全的紧急情况必须有确实可靠的直接根据，凭借个人猜测或者误判而实际并不属于危及人身安全的紧急情况除外，该项权利不能被滥用。

二是紧急情况必须直接危及人身安全，间接危及人身安全的情况不应撤离，而应采取有效的应急抢险措施。

三是出现危及人身安全的紧急情况时，首先是停止作业，然后要采取可能的应急措施，应急措施无效时再撤离作业场所。

四是该项权利不适用于某些从事特殊职业的从业人员，比如车辆驾驶员等，根据有关法律、国际公约和职业惯例，在发生危及人身安全的紧急情况下，他们不能或者不能先行撤离从业场所或岗位。

2）从业人员的安全生产义务

《安全生产法》不但赋予了从业人员安全生产权利，也设定了相依的法定义务。作为法律关系内容的权利与义务是对等的。从业人员在依法享有权利的同时也必须承担相应的法律责任。

（1）遵章守规，服从管理的义务。

《安全生产法》第五十四条规定："从业人员在作业过程中，应当严格遵守本单位的安全生产规章制度和操作规程，服从管理。"根据《安全生产法》规定，生产经营单位必须依法制定本单位安全生产规章制度和操作规程，从业人员必须严格依照安全生产规章制度和操作规程进行作业，从业人员遵守规章制度和操作规程实际上就是依法进行安全生产。事实表明，从业人员违反规章制度和操作规程，是导致事故发生的主要原因，生产经营单位负责人和管理人员有权对从业人员遵章守规情况进行监督检查，从业人员对安全生产管理措施必须接受并服从管理。依照法律规定，从业人员如不服从管理，违反安全生产规章制度和操作规程的，生产经营单位有权给予批评教育或依照相关制度进行处罚、处分，造成重大事故、构成犯罪的，依照刑法有关规定追究其刑事责任。

（2）正确佩戴和使用劳动防护用品的义务。

《安全生产法》规定，生产经营单位必须为从业人员提供必要的、安全的劳动防护用品，以避免或减轻作业和事故中的人身伤害。在《安全生产法》第五十四条中也规定："从业人员必须正确佩戴和使用劳动防护用品。"例如，进入站场所有人员必须佩戴安全帽，从事高处作业的人员必须佩戴安全带等。另外，有的作业人员虽然佩戴和使用了劳动防护用品，但由于不会或者没有正确使用而发生人身伤害的案例也很多。因此，正确佩戴和使用劳动防护用品是从业人员必须履行的法定义务。

（3）接受安全培训，掌握安全生产技能的义务。

《安全生产法》第五十五条规定："从业人员应当接受安全生产教育和培训，掌握本职工作所需的安全生产知识，提高安全生产技能，增强事故预防和应急处理能力。"不同行业、不同生产经营单位、不同工作岗位和不同设备设施有着不同的安全技术特性和要求，而且随着油气管道水平的日益发展，更多的高新安全技术装备被大量使用，从业人员安全意识和安全技能的高低直接关系到生产经营活动的安全可靠性。所以法律规定从业人员（包括新招聘、转岗人员）必须接受安全培训，要具备岗位所需要的安全知识和技能以及对突发事故的预防和处置能力。另外，《安全生产法》第二十七条规定：特种作业人员上岗前必须按照国家有关规定经专门的安全作业培训，取得相应资格，方可上岗作业。

（4）发现事故隐患或者其他不安全因素及时报告的义务。

《安全生产法》第五十六条规定："从业人员发现事故隐患或者其他不安全因素，应当立即向现场安全生产管理人员或者本单位负责人报告；接到报告的人员应当及时予以处理。"从业人员是生产经营活动的直接参与者，是事故隐患和不安全因素的第一当事人。许多事故就是由于从业人员在作业现场发现事故隐患或不安全因素后没有及时报告，从而延误了采取措施进行紧急处理的时机。如果从业人员尽职尽责，及时发现并报告事故隐患和不安全因素，并及时有效地处理，完全可以避免事故发生和降低事故损失。发现事故隐患并及时报告是贯彻"预防为主"的方针，是加强事前防范的重要措施，所以《安全生产法》规定从业人员有发现事故隐患并及时上报的义务。

3．安全生产的法律责任

1）安全生产法律责任形式

追究安全生产违法行为的法律责任有三种形式：行政责任、民事责任和刑事责任。

2）从业人员的安全生产违法行为

《安全生产法》规定，追究法律责任的生产经营单位有关人员和安全生产违法行为有下列七种：

（1）生产经营单位的决策机构、主要负责人、个人经营的投资人不依照本法规定保证安全生产所必须的资金投入，致使生产经营单位不具备安全生产条件的；

（2）生产经营单位的主要负责人未履行本法规定的安全生产管理职责的；

（3）生产经营单位与从业人员签订协议，免除或减轻其对从业人员因生产安全事故伤亡依法应承担的责任的；

（4）生产经营单位主要负责人在本单位发生重大生产安全事故时不立即组织抢救或者在事故调查处理期间擅离职守或者逃匿的；

（5）生产经营单位主要负责人对生产安全事故隐瞒不报、谎报或者迟报的；

（6）生产经营单位的从业人员不服从管理，违反安全生产规章制度或操作规程的；

（7）安全生产事故的责任人未依法承担赔偿责任，经人民法院依法采取执行措施后，仍不能对受害者给予足额赔偿的。

《安全生产法》对上述安全生产违法行为设定的法律责任分别是：降职、撤职、罚款、拘留的行政处罚，构成犯罪的，依法追究刑事责任。

2015年年底最高人民法院和最高人民检察院审议并通过了《关于办理危害生产安全刑事案件适用法律若干问题的解释》（以下简称《解释》），对依法惩治危害生产安全犯罪行为进行了解释，并于2015年12月16日开始实施。《解释》中与从业人员有关的生产安全违法犯罪行为有重大责任事故罪：在生产、作业中违反有关安全管理的规定，因而发生重大伤亡事故或者造成其他严重后果的，处三年以下有期徒刑或者拘役；情节特别恶劣的，处三年以上七年以下有期徒刑。其中"发生重大伤亡事故或者造成其他严重后果"是指造成死亡一人以上，或者重伤三人以上的；造成直接经济损失一百万元以上的；其他造成严重后果或者重大安全事故的情形。"情节特别恶劣"是指造成死亡三人以上或者重伤十人以上，负事故主要责任的；造成直接经济损失五百万元以上，负事故主要责任的；其他造成特别严重后果、情节特别恶劣或者后果特别严重的情形。

（二）《中华人民共和国环境保护法》

《中华人民共和国环境保护法》（以下简称《环境保护法》）于2014年4月24日第十二届全国人大常委会第八次会议修订通过，并于2015年1月1日起实施。

1.《环境保护法》的适用范围

《环境保护法》第二条规定："本法所称环境，是指影响人类生存和发展的各种天然的和经过人工改造的自然因素的总体，包括大气、水、海洋、土地、矿藏、森林、草原、湿地、野生生物、自然遗迹、人文遗迹、自然保护区、风景名胜区、城市和乡村等。"第三条规定："本法适用于中华人民共和国领域和中华人民共和国管辖的其他海域。"

2. 环境保护是国家的基本国策

《环境保护法》第四条规定：保护环境是国家的基本国策。国家采取有利于节约和循环利用资源、保护和改善环境、促进人与自然和谐的经济、技术政策和措施，使经济社会发展与环境保护相协调。第五条规定：环境保护坚持保护优先、预防为主、综合治理、公众参与、损害担责的原则。第六条规定：一切单位和个人都有保护环境的义务。

3. 防治污染和其他公害的有关要求

《环境保护法》中防治污染和其他公害的要求，主要针对排污企业、有可能造成污染事故或其他公害的单位作出法律规定，对环境保护方面的法律制度作出了原则性的规定。

1）"三同时"管理制度

《环境保护法》第四十一条规定："建设项目中防治污染的设施，应当与主体工程同时设计、同时施工、同时投产使用。防治污染的设施应当符合经批准的环境影响评价文件的要求，不得擅自拆除或者闲置。"

"三同时"制度是指对环境有影响的一切建设项目，必须依法执行环境保护设施与主体工程同时设计、同时施工、同时投产使用的制度。"三同时"制度是我国环境保护工作的一项创举，它与建设项目的环境影响评价制度相辅相成，都是针对新污染源所采取的防患于未然的法律措施，体现了《环境保护法》预防为主的原则。

2）排污单位的环境保护责任和义务

《环境保护法》第四十二条规定：排放污染物的企业事业单位和其他生产经营者，应当采取措施，防治在生产建设或者其他活动中产生的废气、废水、废渣、医疗废物、粉尘、恶臭气体、放射性物质以及噪声、振动、光辐射、电磁辐射等对环境的污染和危害。排放污染物的企业事业单位，应当建立环境保护责任制度，明确单位负责人和相关人员的责任。重点排污单位应当按照国家有关规定和监测规范安装使用监测设备，保证监测设备正常运行，保存原始监测记录。严禁通过暗管、渗井、渗坑、灌注或者篡改、伪造监测数据，或者不正常运行防治污染设施等逃避监管的方式违法排放污染物。

4．环境保护的法律责任

《环境保护法》第六章对环境保护的法律责任作出明确的规定，最高人民法院、最高人民检察院也颁布了《关于办理环境污染刑事案件适用法律若干问题的解释》，同时，公安部、环境保护部、工业和信息化部、农业部也先后联合或单独下发了《行政主管部门移送适用行政拘留环境违法案件暂行办法》《环境保护主管部门实施按日连续处罚办法》《环境保护主管部门实施查封、扣押办法》《环境保护主管部门实施限制生产停产整治办法》《企业事业单位环境信息公开办法》《突发环境事件调查处理办法》等行政法规，这些法律法规的集中出台表达了党和政府对惩治环境违法行为的决心。

1）按日连续经济处罚

《环境保护法》第五十九条规定：企业事业单位和其他生产经营者违法排放污染物，受到罚款处罚，被责令改正，拒不改正的，依法作出处罚决定的行政机关可以自责令改正之日的次日起，按照原处罚数额按日连续处罚。

《环境保护主管部门实施按日连续处罚办法》第五条规定：排污者有下列行为之一，受到罚款处罚，被责令改正，拒不改正的，依法作出罚款处罚决定的环境保护主管部门可以实施按日连续处罚：

（1）超过国家或者地方规定的污染物排放标准，或者超过重点污染物排放总量控制指标排放污染物的；

（2）通过暗管、渗井、渗坑、灌注或者篡改、伪造监测数据，或者不正常运行防治污染设施等逃避监管的方式排放污染物的；

（3）排放法律、法规规定禁止排放的污染物的；

（4）违法倾倒危险废物的；

（5）其他违法排放污染物行为。

2）行政拘留

《行政主管部门移送适用行政拘留环境违法案件暂行办法》第五条规定：《环境保护法》第六十三条第三项规定的通过暗管、渗井、渗坑、灌注等逃避监管的方式违法排放污染物，是指通过暗管、渗井、渗坑、灌注等不经法定排放口排放污染物等逃避监管的方式违法排放污染物。暗管是指通过隐蔽的方式达到规避监管目的而设置的排污管道，包括埋入地下的水泥管、瓷管、塑料管等，以及地上的临时排污管道；渗井、渗坑是指无防渗漏措施或起不到防渗作用的、封闭或半封闭的坑、池、塘、井和沟、渠等；灌注是指通过高压深井向地下排放污染物。

3）追究刑事责任

《关于办理环境污染刑事案件适用法律若干问题的解释》第一条规定：实施《刑法》第三百三十八条规定的行为，具有下列情形之一的，应当认定为"严重污染环境"：

（1）非法排放、倾倒、处置危险废物三吨以上的；

（2）非法排放含重金属、持久性有机污染物等严重危害环境、损害人体健康的污染物超过国家污染物排放标准或者省、自治区、直辖市人民政府根据法律授权制定的污染物排放标准三倍以上的；

（3）私设暗管或者利用渗井、渗坑、裂隙、溶洞等排放、倾倒、处置有放射性的废物、含传染病病原体的废物、有毒物质的；

（4）致使乡镇以上集中式饮用水水源取水中断十二小时以上的；

（5）致使基本农田、防护林地、特种用途林地五亩以上，其他农用地十亩以上，其他土地二十亩以上基本功能丧失或者遭受永久性破坏的；

（6）致使公私财产损失三十万元以上的；

（7）其他严重污染环境的情形。

根据《刑法》第三百三十八条规定，处三年以上七年以下有期徒刑，并处罚金。

（三）《中华人民共和国劳动法》

1994 年 7 月 5 日，第八届全国人民代表大会常务委员会第八次会议审议通过了《中华人民共和国劳动法》（以下简称《劳动法》），自 1995 年 1 月 1 日起施行。

1．劳动者的基本权利

《劳动法》第三条赋予了劳动者享有的八项权利：一是平等就业和选择职业的权利；二是取得劳动报酬的权利；三是休息休假的权利；四是获得劳动安全卫生保护的权利；五是接受职业技能培训的权利；六是享受社会保险和福利的权利；七是提请劳动争议处理的权利；八是法律规定的其他劳动权利。

2．劳动者的义务

《劳动法》第三条设定了劳动者需要履行的四项义务：一是劳动者应当完成劳动的任务；二是劳动者应当提高职业技能；三是劳动者应当执行劳动安全卫生规程；四是劳动者应当遵守劳动纪律和职业道德。

3．劳动安全卫生

（1）用人单位必须建立健全劳动安全卫生制度，严格执行国家劳动安全卫生规程和标准，对劳动者进行劳动安全卫生教育，防止劳动过程中的事故，减少职业危害。

（2）劳动安全卫生设施必须符合国家规定的标准。新建、改建、扩建工程的劳动安全卫生设施必须与主体工程同时设计、同时施工、同时投入生产和使用。

（3）用人单位必须为劳动者提供符合国家规定的劳动安全卫生条件和必要的劳动防护

用品，对从事有职业危害作业的劳动者应当定期进行健康体检。

（4）从事特种作业的劳动者必须经过专门培训并取得特种作业资格。

（5）劳动者在劳动过程中必须严格遵守安全操作规程。

（6）劳动者对用人单位管理人员违章指挥、强令冒险作业，有权拒绝执行，对危害生命安全和身体健康的行为，有权提出批评、检举和控告。

4．职业培训

《劳动法》第六十八条规定：用人单位应当建立职业培训制度，按照国家规定提取和使用职业培训经费，根据本单位实际，有计划地对劳动者进行职业培训。从事技术工种的劳动者，上岗前必须经过培训。

5．违法行为应负的法律责任

用人单位违反本法规定，情节较轻的，由劳动行政部门给予警告，责令改正，并可以处以罚款；情节严重的，依法追究其刑事责任。

（四）《中华人民共和国石油天然气管道保护法》

《中华人民共和国石油天然气管道保护法》（以下简称《管道保护法》）于 2010 年 6 月 25 日第十一届全国人民代表大会常务委员会第十五次会议通过，自 2010 年 10 月 1 日起施行。管道保护法立法的目的是为了保护石油、天然气管道，保障石油、天然气输送安全，维护国家能源安全和公共安全。

第二十八、三十条、三十二条、三十三条部分条款内容如下。

禁止下列危害管道安全的行为：

（1）擅自开启、关闭管道阀门；

（2）采用移动、切割、打孔、砸撬、拆卸等手段损坏管道；

（3）移动、毁损、涂改管道标志；

（4）在埋地管道上方巡查便道上行驶重型车辆；

（5）在地面管道线路、架空管道线路和管桥上行走或者放置重物。

在管道线路中心线两侧各五米地域范围内，禁止下列危害管道安全的行为：

（1）种植乔木、灌木、藤类、芦苇、竹子或者其他根系深达管道埋设部位可能损坏管道防腐层的深根植物；

（2）取土、采石、用火、堆放重物、排放腐蚀性物质、使用机械工具进行挖掘施工；

（3）挖塘、修渠、修晒场、修建水产养殖场、建温室、建家畜棚圈、建房以及修建其他建筑物、构筑物。

在穿越河流的管道线路中心线两侧各五百米地域范围内，禁止抛锚、拖锚、挖砂、挖泥、采石、水下爆破。但是，在保障管道安全的条件下，为防洪和航道通畅而进行的养护疏浚作业除外。

在管道专用隧道中心线两侧各一千米地域范围内，禁止采石、采矿、爆破，因修建铁路、公路、水利工程等公共工程，确需实施采石、爆破作业的，应当经管道所在地县级人民政府主管管道保护工作的部门批准，并采取必要的安全防护措施，方可实施。

（五）《中华人民共和国职业病防治法》

《中华人民共和国职业病防治法》（以下简称《职业病防治法》）于 2001 年 10 月 27 日第九届全国人民代表大会常务委员会第二十四次会议审议通过，2016 年 7 月 2 日第十二届全国人民代表大会常务委员会第二十一次会议审议通过了对《职业病防治法》修正的决定，修正后的《职业病防治法》于 2016 年 9 月 1 日起实施。其立法的目的是预防、控制和消除职业病危害，防治职业病，保护劳动者健康及其相关权益，促进经济社会发展。

1．职业病的范围

《职业病防治法》第二条规定：本法所称职业病，是指企业、事业单位和个体经济组织等用人单位的劳动者在职业活动中，因接触粉尘、放射性物质和其他有毒、有害因素而引起的疾病。

2．职业病防治的方针

《职业病防治法》第三条规定：职业病防治工作坚持预防为主、防治结合的方针。

3．劳动者享有的职业卫生保护权利

《职业病防治法》第三十九规定，劳动者享有以下权利：

（1）获得职业卫生教育、培训；

（2）获得职业健康检查、职业病诊疗、康复等职业病防治服务；

（3）了解工作场所产生或可能产生的职业病危害因素、危害后果和应当采取的职业病防护措施；

（4）要求用人单位提供符合防治职业病要求的职业病防护设施和个人使用的职业病防护用品，改善工作条件；

（5）对违反职业病防治法律、法规以及危及生命健康的行为提出批评、检举和控告；

（6）拒绝违章指挥和强令进行没有职业病防护措施的作业；

（7）参与用人单位职业卫生工作的民主管理，对职业病防治工作提出意见和建议。

用人单位应当保障劳动者行使前款所列权利。因劳动者依法行使正当权利而减低其工资、福利等待遇或解除、终止与其签订的劳动合同的，其行为无效。

4．劳动者职业卫生保护的义务

《职业病防治法》第三十四条规定，劳动者应履行以下义务：劳动者应当学习和掌握相关的职业卫生知识，增强职业病防范意识，遵守职业病防治法律、法规、规章和操作规程，正确使用、维护职业病防护设备和个人使用的职业病防护用品，发现职业病危害事故隐患应当及时报告。

劳动者不履行前款规定义务的，用人单位应当对其进行教育。

（六）《中华人民共和国消防法》

《中华人民共和国消防法》由中华人民共和国第十一届全国人民代表大会常务委员会第五次会议于 2008 年 10 月 28 日修订通过，自 2009 年 5 月 1 日起施行。立法的目的为预防火灾和减少火灾危害，加强应急救援工作，保护人身、财产安全，维护公共安全。

与基层操作员工直接相关的内容有：

（1）任何单位和个人都有维护消防安全、保护消防设施、预防火灾、报告火警的义务。任何单位和成年人都有参加有组织的灭火工作的义务。

（2）禁止在具有火灾、爆炸危险的场所吸烟、使用明火。因施工等特殊情况需要使用明火作业的，应当按照规定事先办理审批手续，采取相应的消防安全措施；作业人员应当遵守消防安全规定。

（3）进行电焊、气焊等具有火灾危险作业的人员和自动消防系统的操作人员，必须持证上岗，并遵守消防安全操作规程。

（4）任何单位、个人不得损坏、挪用或者擅自拆除、停用消防设施、器材，不得埋压、圈占、遮挡消火栓或者占用防火间距，不得占用、堵塞、封闭疏散通道、安全出口、消防车通道。人员密集场所的门窗不得设置影响逃生和灭火救援的障碍物。

（5）任何人发现火灾都应当立即报警。任何单位、个人都应当无偿为报警提供便利，不得阻拦报警。严禁谎报火警。人员密集场所发生火灾，该场所的现场工作人员应当立即组织、引导在场人员疏散。

（七）《工伤保险条例》

2003 年 4 月 27 日国务院第 375 号令公布《工伤保险条例》，自 2004 年 1 月 1 日起实施。2010 年 12 月 20 日，国务院第 586 号令对《工伤保险条例》进行了修订，自 2011 年 1 月 1 日起实施。《工伤保险条例》的立法目的是保障因工作遭受事故伤害或者患职业病的职工获得医疗救治和经济补偿，促进工伤预防和职业康复，分散用人单位的工伤风险。《工伤保险条例》对做好工伤人员的医疗救治和经济补偿，加强安全生产工作，实现社会稳定具有积极作用。

1．工伤保险

1）具有补偿性

工伤保险是法定的强制性社会保险，是通过对受害者实施医疗救治和给予必要的经济补偿以保障其经济权利的补救措施。从根本上说，它是由政府监管、社保机构经办的社会保障制度，不具有惩罚性。

2）权利主体

享有工伤保险权利的主体只限于本企业的职工或者雇工，其他人不能享有这项权利。如果在企业发生生产安全事故时对职工或者雇工以及其他人员造成伤害，只有本企业的职工或者雇工可以得到工伤保险补偿，而受到伤害的其他人员则不能享受这项权利。所以工伤保险补偿权利的主体是特定的。

3）义务和责任主体

依照《安全生产法》和《工伤保险条例》的规定，生产经营单位和用人单位有为从业人员办理工伤保险、缴纳保险费的义务，这就明确了生产经营单位和用人单位是工伤保险的义务和责任的主体，不履行这项义务，就要承担相应的法律责任。

4）保险补偿的原则

按照国际惯例和我国立法，工伤保险补偿实行"无责任补偿"即无过错补偿的原则，这是基于职业风险理论确立的。这种理论从最大限度地保护职工权益的理念出发，认为职业伤害不可避免，职工无法抗拒，不能以受害人是否负有责任来决定是否补偿，只要因公受到伤害就应补偿。

5）补偿风险的承担

按照无责任补偿原则，工伤补偿风险的第一承担者应是用人单位或者业主，但是工伤保险是以社会共济方式确定补偿风险承担者的，因此不需要用人单位或者业主直接负责补偿，而是将补偿风险转由社保机构承担，由社保机构负责支付工伤保险补偿金。只要用人单位或者业主依法足额缴纳了工伤保险费，那么工伤补偿的责任就要由社保机构承担。

2．工伤范围

《工伤保险条例》第十四条规定，职工有下列情形之一的，应当认定为工伤：

（1）在工作时间和工作场所内，因工作原因受到事故伤害的；

（2）工作时间前后在工作场所内，从事与工作有关的预备性或者收尾性工作受到事故伤害的；

（3）在工作时间和工作场所内，因履行工作职责受到暴力等意外伤害的；

（4）患职业病的；

（5）因工外出期间，由于工作原因受到伤害或者发生事故下落不明的；

（6）在上下班途中，受到非本人主要责任的交通事故或者城市轨道交通、客运轮渡、火车事故伤害的；

（7）法律、行政法规规定应当认定为工伤的其他情形。

《工伤保险条例》第十五条规定，职工有下列情形之一的，视同工伤：

（1）在工作时间和工作岗位，突发疾病死亡或者在 48 小时之内经抢救无效死亡的；

（2）在抢险救灾等维护国家利益、公共利益活动中受到伤害的；

（3）职工原在军队服役，因战、因公负伤致残，已取得革命伤残军人证，到用人单位后旧伤复发的。

职工有第十四条规定第（1）项、第（2）项情形的，按照本条例的有关规定享受工伤保险待遇；职工有第十五条规定第（3）项情形的，按照本条例的有关规定享受除一次性伤残补助金以外的工伤保险待遇。

《工伤保险条例》第十六条规定，职工符合本条例第十四条、第十五条的规定，但是有下列情形之一的，不得认定为工伤或者视同工伤：

（1）故意犯罪的；

（2）醉酒或者吸毒的；

（3）自残或者自杀的。

第二节　企业制度

一、安全生产管理制度

（一）安全生产总体方针目标

中国石油天然气集团有限公司（以下简称中国石油或集团公司）制定了《安全生产管理规定》（中油质安字〔2004〕672 号），明确指出中国石油要严格遵守国家安全生产法律法规，树立"以人为本"的思想，坚持"安全第一、预防为主、综合治理"的基本方针，要求各企业健全各项安全生产规章制度，落实安全生产责任制，完善安全监督机制，采用先进适用安全技术、装备，抓好安全生产培训教育，坚持安全生产检查，保证安全生产投入，加大事故隐患整改和重大危险源监控力度，全面提高安全生产管理水平。

在员工安全生产权利保障方面，要求各企业在与员工签订劳动合同时应明确告知企业安全生产状况、职业危害和防护措施；为员工创造安全作业环境，提供合格的劳动防护用品和工具。

同时也要求员工应履行在安全生产方面的各项义务，在生产作业过程中遵守劳动纪律，落实岗位责任，执行各项安全生产规章制度和操作规程，正确佩戴和使用劳动防护用品等。

（二）风险和隐患管理

中国石油制定了《中国石油天然气集团公司风险管理办法（试行）》（中油企管〔2016〕269 号）、《安全环保事故隐患管理办法》（中油安〔2015〕297 号）等管理制度。

中国石油对安全生产风险工作按照"分层管理、分级防控，直线责任、属地管理，过程控制、逐级落实"的原则进行管理，要求岗位员工参与危害因素辨识，根据操作活动所涉及的危害因素，确定本岗位防控的生产安全风险，并按照属地管理的原则落实风险防控措施。

对安全环保事故隐患按照"环保优先、安全第一、综合治理；直线责任、属地管理、全员参与；全面排查、分级负责、有效监控"的原则进行管理，要求各企业定期开展安全环保事故隐患排查，如实记录和统计分析排查治理情况，按规定上报并向员工通报；现场操作人员应当按照规定的时间间隔进行巡检，及时发现并报告事故隐患，同时对于及时发现报告非本岗位和非本人责任造成的安全环保事故隐患，避免重大事故发生的人员，应当按照中国石油"事故隐患报告"特别奖励的有关规定，给予奖励。

（三）高危作业和非常规作业

中国石油制定了《作业许可管理规定》（安全〔2009〕552 号），要求从事高危作业（如进入受限空间作业、动火作业、挖掘作业、高处作业、移动式起重机吊装作业、临时用电作业、管线打开作业等）及缺乏工作程序（规程）的非常规作业之前，必须进行工作前安全分析，实行作业许可管理，否则，不得组织作业。对高危作业项目分别制定了相应的安全管理办法，如《动火作业安全管理办法》（安全〔2014〕86 号）、《进入受限空间作业安全管理办法》（安全〔2014〕86 号）、《临时用电作业安全管理办法》（安全〔2015〕37 号）。

（四）事故事件管理

中国石油制定了《生产安全事故管理办法》（中油安字〔2007〕571 号）、《生产安全事件管理办法》（安全〔2013〕387 号）、《安全生产应急管理办法》（中油安〔2015〕175 号）等管理制度。要求各企业开展从业人员，尤其是基层操作人员、班组长、新上岗、转岗人员安全培训，确保从业人员具备相关的安全生产知识、技能以及事故预防和应急处理的能力；发生事故后，现场有关人员应当立即向基层单位负责人报告，并按照应急预案组织应急抢险，在发现直接危及人身安全的紧急情况时，应当立即下达停止作业指令、采取可能的应急措施或组织撤离作业场所。任何单位和个人不得迟报、漏报、谎报、瞒报各类事故。所有事故均应当按照事故原因未查明不放过、责任人未处理不放过、整改措施未落实不放过、有关人员未受到教育不放过的"四不放过"原则进行处理。

二、环境保护管理制度

中国石油为了推进节约发展、清洁发展、和谐发展，在环境保护方面先后出台了《环境保护管理规定》（中油质安字〔2006〕362 号）、《中国石油天然气集团公司环境监测管理规定》（中油安〔2008〕374 号）、《建设项目环境保护管理办法》（中油安〔2011〕7 号）、《环境事件管理办法》（中油安〔2016〕475 号）、《环境事件调查细则》（质安〔2017〕288 号）等管理制度。其中规定，每个员工都有保护环境的义务，并有权对污染和破坏环境的单位和个人进行批评和检举。员工应当遵守环境保护管理规章制度，执行岗位职责规定的环境保护要求。对于发生环保事件负有责任的员工，按照相关制度给予行政处罚或经济处罚，《环境保护违纪违规行为处分规定（试行）》中规定：基层工作人员有下列行为之一的，给予警告或者记过处分；情节较重的，给予记大过或者降级处分；情节严重的，给予撤职或者留用察看处分：

（1）违章指挥或操作引发一般或较大环境污染和生态破坏事故的；

（2）发现环境污染和生态破坏事故未按规定及时报告，或者未按规定职责和指令采取应急措施的；

（3）在生产作业过程中不按规程操作随意排放污染物的；

（4）在生产作业过程中捕杀野生动物或破坏植被，造成不良影响的；

（5）有其他环境保护违纪违规行为的。

对因环保事故、事件被人民法院判处刑罚或构成犯罪免于刑事处罚的人员应同时给予行政处分，管理人员按照《中国石油天然气集团公司管理人员违纪违规行为处分规定》（中油监〔2017〕44 号）执行，其他人员参照执行。

三、职业健康管理制度

中国石油在职业健康工作方面坚持"预防为主，防治结合"的方针，建立了以企业为主体、员工参与、分级管理、综合治理的长效机制。

中国石油先后出台了《职业卫生管理办法》（中油安〔2016〕475 号）、《职业卫生档案管理规定》（安全〔2014〕297 号）、《职业健康监护管理规定》和《工作场所职业病危害因素检测管理规定》（质安〔2017〕68 号）、《建设项目职业病防护设施"三同时"管理规定》（质安〔2017〕243 号）等制度。

《职业卫生管理办法》中对员工职业健康权利和义务方面作出了明确规定。

（一）员工享有的保护权利

（1）职业病危害知情权；

（2）参与职业卫生民主管理权；

（3）接受职业卫生教育、培训权；

（4）职业健康监护权；

（5）劳动保护权；

（6）检举权、控告权；

（7）拒绝违章指挥和强令冒险作业；

（8）紧急避险权；

（9）工伤保险和要求民事赔偿权；

（10）申请劳动争议调解、仲裁和提起诉讼权。

（二）员工的义务

（1）遵守各种职业卫生法律、法规、规章制度和操作规程；

（2）学习并掌握职业卫生知识；

（3）正确使用和维护职业病防护设备和个人使用的职业病防护用品；

（4）发现职业病危害事故隐患及时报告。

员工不履行前款规定义务的，所属企业应当对其进行职业卫生教育，情节严重的，应依照有关规定进行处理。

第三节　HSE 管理知识

一、HSE 基本知识

中国石油高度重视 HSE 管理工作，把 HSE 管理作为企业发展的战略基础，作为"天字号"工程摆在突出位置，从"九五"到"十三五"期间，中国石油 HSE 管理发展秉承并发扬了"三老四严""四个一样"和"大庆精神""铁人精神"等优秀管理传统。同时，中国石油开展国际 HSE 合作，通过学习与借鉴国外公司先进的 HSE 管理经验，扬其优势，摒其弊端，将中国石油的特点和 HSE 管理实践相结合，形成了具有中国石油特色的 HSE 管理体系。HSE 管理体系建设的重要成果之一就是形成了具有中国石油特色的先进 HSE

管理理念。

在指导思想上,建立了"诚信创新业绩和谐安全"的核心经营管理理念。

形成了"环保优先、安全第一、质量至上、以人为本""安全源于质量、源于设计、源于责任、源于防范"的理念。

确立了"以人为本,预防为主,全员参与,持续改进"的 HSE 方针和"零伤害、零污染、零事故"的战略目标。

在责任落实上,提出了"落实有感领导、强化直线责任、推进属地管理"的基本要求,促进了"谁主管,谁负责"原则的有效落实。

在 HSE 培训上,树立了"人人都是培训师,培训员工是落实直线领导的基本职责"的观念。

在事故管理上,树立了"一切事故都是可以避免的"的观念,形成了"事故、事件是宝贵资源"的共识。

在承包商管理上,明确将承包商 HSE 管理纳入企业 HSE 管理体系,统一管理;制定了《中国石油天然气集团公司承包商安全监督管理办法》(中油安〔2013〕483 号),提出了把好"五关"的基本要求(单位资质关、HSE 业绩关、队伍素质关、施工监督关和现场管理关)。

为进一步夯实 HSE 基础管理,中国石油在总结提炼基层 HSE 管理经验和方法的基础上于 2008 年 2 月 5 日颁布了《反违章禁令》,规范了全员岗位操作的"规定动作";2009年 1 月 7 日,中国石油又出台了"HSE 管理原则",这是继发布《反违章禁令》之后进一步强化安全环保管理的又一治本之策。

二、HSE 管理理念

中国石油借鉴杜邦管理体系,在 HSE 体系管理中倡导和推行"有感领导,直线责任,属地管理"的理念,目前这种理念已经深入每位员工的心中。

(一)"有感领导"的理解

"有感领导"实际就是领导以身作则,把安全工作落到实处,无论在舆论上、建章立制上、监督检查管理上,还是人员、设备、设施的投入保障上,都落到实处。通过领导的言行,使下属听到领导讲安全,看到领导实实在在做安全、管安全,感觉到领导真真正正重视安全。

"有感领导"的核心作用在于示范性和引导作用。各级领导要以身作则,率先垂范,制定并落实个人安全行动计划,坚持安全环保从小事做起,从细节做起,切实通过可视、可感、可悟的个人安全行为,引领全体员工做好安全环保工作。

(二)"直线责任"的理解

"直线责任"就是"谁主管谁负责、谁执行谁负责"。"直线责任"对于领导者而言,就是"谁管生产、管工作,谁负责";对于岗位员工而言,就是"谁执行、谁工作,谁负责";就是把"安全生产,人人有责"的责任更加明确化、更细化。

各级主要负责人要对安全环保管理全面负责，做到一级对一级，层层抓落；各分管领导、职能部门都要对其分管工作和负责领域的安全工作负责；各项目负责人要对自己承担的项目工作和负责领域的安全工作负责。每名员工都要对所承担的工作（任务、活动）的安全负责。

更具体地说就是，"谁是第一责任人，谁负责""谁主管，谁负责""谁安排工作，谁负责安全""谁组织工作，谁负责""谁操作，谁负责""谁检查监督，谁负责""谁设计编写，谁负责""谁审核，谁负责""谁批准，谁负责"。各司其职，各负其责。直线领导不仅要对结果督责，更要对安全管理的过程负责，并将其管理业绩纳入考核。

（三）"属地管理"的理解

"属地管理"就是"谁的地盘，谁管理"。是谁的生产经营管理区域，谁就要对该区域内的生产安全进行管理。这实际是加重了甲方的生产安全管理责任，比如各公司的输气站。无论是甲方、乙方，还是第三方，或者是其他相关方（包括上级检查人员、外单位参观考察人员、学习实习人员、周围可能进入本辖区的公众），在安全生产方面都要受甲方的统一协调管理，当然其他各方应当接受和配合甲方的管理。施工方在自觉接受甲方的监督管理的基础上，做好各自的安全管理工作。

"属地管理"是指每个能独立顶岗的员工都是"属地主管"，都要对属地内的安全负责。每个员工对自己岗位涉及的生产作业区域的安全环保负责，包括对区域内设备设施、工作人员和施工作业活动的安全环保负责。员工包括大小站队干部、班组长和岗位员工。

（四）实施属地管理的意义和作用

（1）HSE 需要全员参与，HSE 职责必须明确，必须落实到全员，尤其是基层的员工。员工的主动参与是 HSE 管理成败的关键。

（2）属地管理是落实安全职责的有效方法，使员工从被动执行转变为主动履行 HSE 职责，是传统岗位责任制的继承和延伸。

（3）实施属地管理，可以树立员工"安全是我的责任"的意识，实现从"要我安全"到"我要安全"的转变，真正提高员工 HSE 执行力。

（4）实行属地管理的目的就是要做"我的区域我管理、我的属地我负责"，人员无违章、设备无隐患、工艺无缺陷、管理无漏洞，推动基层员工由"岗位操作者"向"属地管理者"转变。

（五）属地管理的方法

（1）划分属地范围。属地的划分主要以工作区域为主，以岗位为依据，把工作区域、设备设施及工器具细划到每一个人身上。

（2）明确属地主管。应将对所辖区域的管理落实到具体的责任人，做到每一片区域、每一个设备（设施）、每个工（器）具、每一块绿地、闲置地等在任何时间均有人负责管理，可在基层现场设立标示牌，标明属地主管和管理职责。

（3）落实属地管理职责。管理所辖区域，保证其自身及在区域内的工作人员、承包商、访客的安全；对本区域的作业活动或者过程实施监护，确保安全措施和安全管理规定的落实；对管辖区域的设备设施进行巡检，发现异常情况，及时进行应对处理并报告上一级主管；对属地区域进行清洁和整理，保持环境整洁。

三、HSE 管理原则

2009 年年初，中国石油颁布了 HSE 管理原则。这是中国石油继发布《反违章禁令》之后，进一步强化安全环保管理的又一治本之策和深入推进 HSE 管理体系建设的重大举措。《反违章禁令》重在规范全体员工岗位操作的"规定动作"，而 HSE 管理原则是对各级管理者提出的 HSE 管理基本行为准则，是管理者的"禁令"。两者相辅相成，是推动中国石油 HSE 管理体系建设前进的两个车轮。HSE 管理原则的实施既是对中国石油 HSE 文化的传承和丰富，也是对各级管理者提出的 HSE 管理基本行为准则，更是 HSE 管理从经验管理和制度管理向文化管理迈进的一个里程碑。

（一）HSE 管理原则条文

（1）任何决策必须优先考虑健康安全环境；

（2）安全是聘用的必要条件；

（3）企业必须对员工进行健康安全环境培训；

（4）各级管理者对业务范围内的健康安全环境工作负责；

（5）各级管理者必须亲自参加健康安全环境审核；

（6）员工必须参与岗位危害辨识及风险控制；

（7）事故隐患必须及时整改；

（8）所有事故事件必须及时报告、分析和处理；

（9）承包商管理执行统一的健康安全环境标准。

（二）HSE 管理原则条文解释

1．任何决策必须优先考虑健康安全环境

良好的 HSE 表现是企业取得卓越业绩、树立良好社会形象的坚强基石和持续动力。HSE 工作首先要做到预防为主、源头控制，即在战略规划、项目投资和生产经营等相关事务的决策时，同时考虑、评估潜在的 HSE 风险，配套落实风险控制措施，优先保障 HSE 条件，做到安全发展、清洁发展。

2．安全是聘用的必要条件

员工应承诺遵守安全规章制度，接受安全培训并考核合格，具备良好的安全表现是企业聘用员工的必要条件。企业应充分考察员工的安全意识、技能和历史表现，不得聘用不合格人员。各级管理人员和操作人员都应强化安全责任意识，提高自身安全素质，认真履行岗位安全职责，不断改进个人安全表现。

3．企业必须对员工进行健康安全环境培训

接受岗位 HSE 培训是员工的基本权利，也是企业 HSE 工作的重要责任。企业应持续对员工进行 HSE 培训和再培训，确保员工掌握相关 HSE 知识和技能，培养员工良好的 HSE 意识和行为。所有员工都应主动接受 HSE 培训，经考核合格，取得相应工作资质后方可上岗。

4．各级管理者对业务范围内的健康安全环境工作负责

HSE 职责是岗位职责的重要组成部分。各级管理者是管辖区域或业务范围内 HSE 工作的直接责任者，应积极履行职能范围内的 HSE 职责，制定 HSE 目标，提供相应资源，健全 HSE 制度并强化执行，持续提升 HSE 绩效水平。

5．各级管理者必须亲自参加健康安全环境审核

开展现场检查、体系内审、管理评审是持续改进 HSE 表现的有效方法，也是展现有感领导的有效途径。各级管理者应以身作则，积极参加现场检查、体系内审和管理评审工作，了解 HSE 管理情况，及时发现并改进 HSE 管理薄弱环节，推动 HSE 管理持续改进。

6．员工必须参与岗位危害辨识及风险控制

危害识别与风险评估是一切 HSE 工作的基础，也是员工必须履行的一项岗位职责。任何作业活动之前，都必须进行危害识别和风险评估。员工应主动参与岗位危害识别和风险评估，熟知岗位风险，掌握控制方法，防止事故发生。

7．事故隐患必须及时整改

隐患不除，安全无宁日。所有事故隐患，包括人的不安全行为，一经发现，都应立即整改，一时不能整改的，应及时采取相应监控措施。应对整改措施或监控措施的实施过程和实施效果进行跟踪、验证，确保整改或监控达到预期效果。

8．所有事故事件必须及时报告、分析和处理

事故和事件也是一种资源，每一起事故和事件都给管理改进提供了重要机会，对安全状况分析及问题查找具有相当重要的意义。要完善机制、鼓励员工和基层单位报告事故，挖掘事故资源。所有事故事件，无论大小，都应按"四不放过"原则，及时报告，并在短时间内查明原因，采取整改措施，根除事故隐患。应充分共享事故事件资源，广泛深刻汲取教训，避免事故事件重复发生。

9．承包商管理执行统一的健康安全环境标准

企业应将承包商 HSE 管理纳入内部 HSE 管理体系，实行统一管理，并将承包商事故纳入企业事故统计中。承包商应按照企业 HSE 管理体系的统一要求，在 HSE 制度标准执行、员工 HSE 培训和个人防护装备配备等方面加强内部管理，持续改进 HSE 表现，满足企业要求。

四、《反违章禁令》

2008 年 2 月 5 日，中国石油颁布了《中国石油天然气集团公司反违章禁令》（简称《反违章禁令》或《禁令》）。《禁令》的颁布实施是从法令高度要求，令行禁止，规范作业人员安全生产行为，进一步转变员工观念，为人为己，强化安全生产意识，是遵循生产规律、循序渐进、构建中国石油安全文化的又一重大举措，也充分体现了中国石油强化安全管理、根治违章的坚定决心。

（一）《禁令》条文

（1）严禁特种作业无有效操作证人员上岗操作；

（2）严禁违反操作规程操作；

（3）严禁无票证从事危险作业；

（4）严禁脱岗、睡岗和酒后上岗；

（5）严禁违反规定运输民爆物品、放射源和危险化学品；

（6）严禁违章指挥、强令他人违章作业。

员工违反上述《禁令》，给予行政处分；造成事故的，解除劳动合同。

（二）《禁令》条文释义

1. 严禁特种作业无有效操作证人员上岗操作

特种作业是指容易发生事故，对操作者本人、他人的安全健康及设备、设施的安全可能造成重大危害的作业（国家安监总局《特种作业人员安全技术培训考核管理规定》）。特种作业范围，按照国家有关规定包括电工作业、焊接与热切割作业、高处作业、制冷与空调作业、煤矿井下电气作业、金属非金属矿山安全作业、石油天然气安全作业、冶金（有色）生产安全作业、危险化学品安全作业、烟花爆炸安全作业以及国家安全监管总局认定的其他作业。

特种作业不同于一般的施工作业，其技术性、危险性和重要性都要远高于一般施工作业。2000 年河南洛阳东都商厦特别重大火灾事故，造成 309 人死亡；上海 2010 年 11 月 15 日教师公寓特别重大火灾事故，造成 58 人死亡、直接损失 1.58 亿元，其原因都是电焊违章作业造成的。所以国家很多法律法规都对特种作业及特种作业人员作出规定，如《安全生产法》第二十七条：生产经营单位的特种作业人员必须按照国家有关规定经专门的安全作业培训，取得相应资格，方可上岗作业。《劳动法》第五十五条：从事特种作业的劳动者必须经过专门培训并取得特种作业资格。此外，《企业施工劳动安全卫生教育管理规定》《特种作业人员安全技术培训考核管理规定》等法律法规均对特种作业人员持证上岗提出明确要求。

从事特种作业前，特种作业人员必须按照国家有关规定经过专门安全培训，取得特种操作资格证书，方可上岗作业。生产经营单位有责任对特种作业人员进行安全生产教育和培训，保证从业人员具备必要的安全生产知识，熟悉有关的安全生产规章制度和安全操作规程，掌握本岗位的安全操作技能。特种作业人员经培训考核合格后由省、自治区、直辖市一级安全生产监管部门或其指定机构发给相应的特种作业操作证，考试不合格的，允许补考一次，经补考仍不及格的，重新参加相应的安全技术培训。特种作业操作证有效期六年，每三年复审一次。特种作业人员在特种作业操作证有效期内，连续从事本工种十年以上，严格遵守有关安全生产法律法规的，经原考核发证机关或者从业所在地考核发证机关同意，特种作业操作证复审时间可延长至每六年一次。

特种作业人员未按照规定经专门的安全作业培训并取得相应资格、上岗作业的，按照《安全生产法》第九十四条规定：责令限期改正，可以处五万元以下的罚款；逾期未改正的，责令停产停业整顿，并处五万元以上十万元以下的罚款，对其直接负责的主管人员和其他直接责任人员处一万元以上二万元以下的罚款。在没有特种作业操作证的情况下，员工有权拒绝管理人员要求其从事特种作业的违章指挥。

2．严禁违反操作规程操作

规程就是对工艺、操作、安装、检定等具体技术要求和实施程序所作的统一规定。操作规程是企业根据生产设备使用说明和有关国家或者行业标准，制定的指导各岗位职工安全操作的程序和注意事项。制定操作规程是指对任何操作都制定严格的工序，任何人在执行这一任务时都严格按照这一工序来做，期间使用何种工具，在何时使用这种工具，都要作出详细的规定。一个安全的操作规程是人们在长期的生产实践过程中以血的代价换来的科学经验总结，是操作人员在作业过程中不得违反的安全生产要求。

有令不行、有章不循，按照个人意愿行事，必将给安全生产埋下隐患，甚至危及员工生命，通过对近年来中国石油通报的生产安全事故分析可以看出，作业人员违反规章制度和操作规程，是导致事故发生的主要原因。尤其在油气管道服务行业，发生火灾爆炸、中毒、机械伤害、物体打击、起重伤害、高处坠落等事故的风险较高，作业人员严格遵守规章制度和操作规程是防范事故发生的重要措施，是保证安全生产的前提。

对于操作人员必须按照操作规程进行作业，国家有关法律都作出明确规定，如《劳动法》第五十六条：劳动者在劳动过程中必须严格遵守安全操作规程。劳动者对用人单位管理人员违章指挥、强令冒险作业，有权拒绝执行；对危害生命安全和身体健康的行为，有权提出批评、检举和控告。《安全生产法》第二十五条、第四十条、第四十一条和第五十四条均规定："从业人员在作业过程中，应当严格遵守本单位的安全生产规章制度和操作规程。"

3．严禁无票证从事危险作业

危险作业是当生产任务紧急特殊，不适于执行一般性的安全操作规程，安全可靠性差，容易发生人员伤亡或设备损坏，事故后果严重，需要采取特别控制措施的作业。《禁令》中的危险作业主要指高处作业、动火作业、挖掘作业、临时用电作业、进入受限空间作业等。

从事危险作业的人员必须要经过严格的培训、考试并持有相应的上岗证书，但是仅拿到上岗证书还远远不够，对于大多数的危险作业，不是单个或者几个操作人员就可以预见或者控制其操作对周围环境构成的持续性危害。根据国家有关规定，从事危险作业必须经主管部门办理危险作业审批手续。也就是说，在进行危险作业前必须办理作业许可证或者作业票，提前识别作业风险，制定并落实具体的安全防范措施，并得到上级主管部门的确认和批准。危险作业中必须有人进行监护或监督，确保每名参与作业人员清楚作业中的风险并严格落实防范措施，将安全风险降到最低。坚决杜绝各种野蛮施工、无票证和手续施工，坚决避免抢工期、赶进度、逾越程序组织施工等行为。

对于危险作业必须办理票证，国家相关法律法规也作出了明确规定。《安全生产法》第四十条规定：生产经营单位进行爆破、吊装以及国务院安全生产监督管理部门会同国务院有关部门规定的其他危险作业，应当安排专门人员进行现场安全管理，确保操作规程的遵守和安全措施的落实。《危险作业审批管理制度》规定：凡属于危险作业范围的都必须经过主管部门办理危险作业审批手续。

4. 严禁脱岗、睡岗和酒后上岗

脱岗可以分为行为脱岗和精神脱岗两种。行为脱岗是指岗位人员擅自脱离职责范围内的岗位区域空间。精神脱岗是指人员虽然在岗位区域空间，但由于一些其他原因使得注意力脱离岗位职责范围，或是做与岗位职责无关的事情，造成岗位守卫不力的情形。广义地讲，脱岗甚至可以包括：在岗上干私活、办私事、出工不出力、消极怠工、看电视、玩手机、玩游戏、聊天等。

睡岗是指人员在工作时间处于睡眠状态或者主观意识处于不清醒、有影响或不能够进行正常岗位操作或判断的行为。

酒后上岗是指在上岗之前饮酒，影响主观意识和判断能力，不能够正常完成工作职责，使得岗位守卫不力的行为。酒后上岗与个人饮酒的量没有关系，只要上岗就不允许饮酒。

"严禁脱岗、睡岗及酒后上岗"是六大《禁令》中唯一的一条有关违反劳动纪律的反违章条款，其危害有以下两个方面：一是可能直接导致事故发生，危及本人及其他人员的生命或健康，造成经济损失；二是违反劳动纪律，磨灭员工的战斗力，导致人心涣散，企业凝聚力和执行力下降。

5. 严禁违反规定运输民爆物品、放射源和危险化学品

民爆物品是指用于非军事目的，列入民用爆炸物品品名表的各类火药、炸药及其制品和雷管、导火索等点火、起爆器材。民爆物品具有易燃易爆的高度危险性，若在运输过程中管理不当，很容易造成爆炸、火灾等事故。其直接后果就是造成人员伤亡、影响企业的正常生产活动，造成巨大的社会损失。

危险化学品是指具有毒害、腐蚀、爆炸、燃烧、助燃等性质，对人体、设施、环境具有危害的剧毒化学品和其他化学品。违反规定运输危险化学品不仅具有危害大、损失大、社会影响大等特点，而且一旦发生事故会给社会和家庭带来极大的负担和痛苦。

《安全生产法》《消防法》《环境保护法》等19部法律法规对运输民爆物品、放射源和危险化学品均作出明确规定。违反规定运输民爆物品、放射源和危险化学品不仅会受到企业的处罚，更会被依法追究责任。

6. 严禁违章指挥、强令他人违章作业

违章指挥、强令他人违章作业从狭义上来讲是指现场负责人在指挥作业过程中，违反安全规程要求，按不良的传统习惯进行指挥的行为。广义上来讲是指决策者在决策过程中和施行过程中，违反安全规程要求，按不良的传统习惯进行决策和实施的行为。

违章指挥，强令他人违章作业违反了《安全生产法》保护从业人员生命健康安全的基本要求，破坏了企业安全规章制度的正常执行，而且容易导致事故发生。据统计，在全国每年发生的各类事故中，存在"三违"行为的超过总数的70%，而由于领导者"违章指挥，强令他人违章作业"所造成的事故超过三分之一。

五、四条红线管控

2017年面对严峻的安全生产形势，中国石油下发了《关于强化关键风险领域"四条红线"管控 严肃追究有关责任事故的通知》（中油质安〔2017〕475 号），明确提出"四条红线"的要求。

四条红线：一是可能导致火灾、爆炸、中毒、窒息、能量意外释放的高危和风险作业；二是可能导致着火爆炸的生产经营领域内的油气泄漏；三是节假日和敏感时段（包括法定节假日，国家重大活动和会议期间）的施工作业；四是油气井井控等关键作业。

油气管道企业常见的四条红线作业一般分类见表 1-1。

表 1-1 油气管道企业常见的四条红线作业

红线一：高风险作业	动火作业	（1）在油气管道及其附属设备设施上进行的动火；（2）在容易聚集天然气或其他易燃、易爆气体的封闭空间内进行的动火作业（包括不在油气管道、设备上）；（3）生产区域内的动火作业
	挖掘作业	（1）挖土作业超过 0.5m（超过 1.2m 同时作为受限空间管理）；（2）打桩、地锚入土作业；（3）墙、建筑上打眼或使其失去支撑
	高处作业	人员坠落高度超过 2m：登高（脚手架搭设）、邻边作业（坑边）
	受限空间	（1）垂直墙壁超过 1.2m 的围堤；动土或开渠深度超过 1.2m；围堤或坑内可能产生物理、化学危害及有毒气体；没有撤离通道；（2）惰性气体置换，开口附近可能产生气体危害（中毒、窒息）；（3）管道（收发球筒、组合式过滤器）、隧道、下水道、沟、坑、井、池、涵洞等
	吊装作业	在检修或维修过程中利用各种吊装机具将设备、工件、器具、材料等吊起，使其发生位置变化
	管线打开	解开法兰、从法兰上去掉一个或几个螺栓、打开阀盖或阀门、更换和去除盲板、打开管线连接件、更换阀门填料、断开系统管线如引压管等
	临时用电	施工、生产、维检修过程中使用 220V 和 380V 临时性，超过 6 个月不适用
	脚手架作业	包括脚手架搭设、拆除、移动、改装、使用的各过程
红线二：可能导致着火爆炸的油气泄漏		站内设备设施（法兰、卡套连接处、盲板等）外漏、放空和排污管线前后阀门内漏
红线三：节假日和重要敏感时段		（1）法定节假日：春节国庆等国家法律规定的。（2）重要敏感时段：国家重大活动和会议、集团公司和管道公司专项要求时间段
红线四：油气井井控等关键作业		不涉及

六、两书一表

（一）两书一表的概念

HSE 两书一表中的两书是指 HSE 作业指导书和 HSE 作业计划书，一表是安全检查表。两书一表是 HSE 管理体系在基层站队运行的一种模式，主要适用于从事生产施工作业活动的基层站队，应用对象是基层站队的岗位员工。

HSE 作业指导书是规范基层岗位员工常规操作行为的工作指南，是公司基层站队操作岗位主要执行的文件。

HSE 作业计划书主要是对特定作业活动和操作行为的工作指南。

（二）操作岗位 HSE 作业指导书的主要内容

HSE 作业指导书的主要内容有以下六部分：

（1）岗位任职条件；

（2）岗位职责；

（3）岗位操作规程；

（4）巡回检查及主要检查内容；

（5）应急处置程序；

（6）附件，附件内容主要包括联系方式、工艺流程图、主要设备的技术参数和安全范围。

第四节　QHSE 管理体系

一、QHSE 管理体系概念

QHSE 四个字母中，Q 代表质量，H 代表职业健康，S 代表安全，E 代表环境，QHSE 代表的中文含义是质量健康安全环境。

管理体系指维持企业生产经营的一系列管理方法、管理机构、管理理念、管理人员的总称。QHSE 管理体系指按照质量、职业健康、安全、环境等管理体系标准建立的管理体系。

二、QHSE 管理体系的核心

质量管理体系的核心是：将资源与过程结合，对影响质量的过程进行有效管理，以实现设定的质量目标，产品、服务及工作成果受控。

HSE 管理体系的核心是：指导企业通过识别并有效控制、消减风险，实现企业设定的健康、安全、环境目标，并不断地改进健康、安全、环境行为，提高健康、安全、环境业绩水平。

三、QHSE 方针和战略目标

管理体系的方针和目标为组织提供了关注的焦点。每个组织为其未来的发展，都会制定一个战略规划，这是组织未来发展的方向，也是最高管理者将组织引向何处的决策方向。它将成为组织全体员工的工作准则和价值取向。管理体系质量方针和质量目标为组织确定预期的结果，可以帮助使用其资源达到这些预期的结果。

QHSE 管理体系是石油化工行业发展到一定阶段的必然产物，它的形成和发展是多年来工作经验积累的成果，下面以中国石油管道公司管理体系为例进行介绍。

（一）QHSE 方针

QHSE 方针：诚实守信，精益求精。

诚实守信：坚持质量至上，奉行诚信理念，恪守对顾客的质量承诺，遵守国家法律法规和相关标准要求，树立良好的企业信誉和社会形象，弘扬"三老四严"的优良传统，取信社会，赢得市场，提高顾客的满意度和忠诚度。

精益求精：关注顾客需求，以严格的制度、精细的管理、精准的操作、精致的服务，实现全过程的质量控制，持续提高质量管理水平，生产优质产品、建设精品工程、提供满意服务，不断提升"中国石油"品牌价值。

健康安全环境管理方针：以人为本，预防为主，全员参与，持续改进。

（二）QHSE 方针内涵

遵守法律法规，关爱生命，保护环境，坚持安全发展、清洁发展，实现人与自然、企业与社会的和谐。继承和发扬优良传统，全员参与、综合治理，坚持注重实效，持续改进，不断提高 QHSE 管理水平和绩效。

（三）QHSE 战略目标

零伤害、零污染，零事故、零缺陷；员工满意、顾客满意、社会满意。

第二章
风险防控方法与工作程序

油气管道是高风险行业，涉及健康、安全与环境的危害因素较多，所以危险辨识就至关重要，通过对危害因素辨识、评价，制定有效的风险管控措施，达到预防事故发生的目的，是安全管理的核心内容。

第一节　基本概念

一、风险

某一特定危险情况发生的可能性和后果的组合（风险＝可能性×后果的严重程度）。

二、隐患

生产经营单位违反安全生产法律、法规、规章、标准、规程和安全生产管理制度的规定，或者因其他因素在生产经营活动中存在可能导致事故发生或事故后果扩大的人的不安全行为、物的不安全状态和管理上的缺陷。

三、危害因素

危险因素是指能对人造成伤亡或对物造成突发性损害的因素；有害因素是指能影响人的身体健康、导致疾病或对物造成慢性损害的因素。通常情况下，二者并不加以区分而统称为危害因素。

四、危害因素辨识

危害因素辨识是辨识健康、安全与环境危害因素的存在并确定其特性的过程。

五、风险评价

风险评价是评估风险大小以及确定风险是否可容许的全过程。

六、风险控制

风险控制是采用工程技术、教育和管理等手段消除或削减风险，通过制定或执行具体的方案（措施），实现对风险的控制，防止事故发生造成人员伤害、环境破坏或财产损失。

第二节　危害因素分类

一、职业健康危害因素

（一）物理性危害

（1）噪声：如机械性、电磁性、流体动力性，可能导致的职业病为噪声聋。
（2）振动：如使用冲击钻。
（3）电离辐射：如焊接过程中产生的紫外线，对眼睛、皮肤有一定的伤害。
（4）热/冷的温度：如高温，可能导致的职业病有中暑，低温可能导致冻伤等。
（5）压力：如潜水等。

（二）化学性危害

（1）易燃易爆性物质：如油气、天然气、轻烃类化合物、粉尘与气溶胶等。
（2）自燃性物质：如油气、天然气、轻烃类化合物。
（3）有毒物质：如硫化氢、一氧化氮、二氧化氮、一氧化碳、二氧化硫。
（4）腐蚀性物质：如化验室的苯、甲苯、二甲苯。
（5）其他化学性危害。

（三）生物性危害

（1）致病微生物。
（2）传染病媒介物。
（3）致害动物。
（4）致害植物。
（5）其他生物性危害因素。

（四）人机工程类危害

（1）笨拙的姿势。
（2）不适当的工作位置、工具和设备。

（五）心理、生理性危害因素

（1）负荷超限：体力负荷超限、听力负荷超限、视力负荷超限、其他负荷超限。
（2）职业健康状况异常：心思愁闷、着慌乏力、视物迷糊、低血糖、晕厥等亚健康症状。

（3）从事禁忌作业：由于身体健康情况不能适应这项作业。

（4）心理异常：情绪异常、冒险心理、过度紧张。

（5）辨识功能缺陷：感知延迟、辨识错误、其他辨识功能缺陷。

（6）其他心理、生理性危害危险因素。

除上述因素外，还应包括如下危害因素：食品卫生、手动操作、带显示屏的设备、空气质量、毒品、酒精、吸烟、流行病与地方病等。

二、安全危害因素

安全危害因素分类的方法多种多样，油气管道企业综合考虑起因物、引起事故的诱导性原因、致害物、伤害方式等，将安全危害因素分为18类，见表2-1。

表2-1　安全危害因素分类

序号	危害因素	序号	危害因素	序号	危害因素
1	火灾爆炸	7	坠落	13	系统超压
2	接触有害物	8	凝管	14	机械伤害
3	压力危害	9	爆管	15	车辆伤害
4	炸药	10	淹溺	16	物体打击
5	触电	11	储罐抽瘪	17	窒息
6	灼烫	12	储罐冒顶	18	其他

三、环境危害因素

环境危害因素类别如下：

（1）原料消耗；

（2）能源消耗；

（3）大气排放；

（4）水体排放；

（5）危险废物的产生、管理和处置；

（6）非危险废物的产生、管理和处置；

（7）向土地的排放；

（8）向地下水的排放；

（9）对植物的影响；

（10）噪声；

（11）辐射；

（12）视觉污染；

（13）光污染；

（14）其他。

第三节　危害因素辨识和风险评价方法

一、危害因素辨识和风险评价的步骤

（1）划分作业活动：编制业务活动表，内容应覆盖所有部门、区域，包括正常、非正常和紧急状况的一切活动。

（2）辨识危害：辨识与业务活动有关的所有危害，考虑谁会受到伤害及如何受到伤害，准确描述危害事件。

（3）评价风险：对辨识出的危害因素进行评价。

二、危害因素辨识和风险评价的常用方法

（一）现场观察

现场观察是一种通过检视生产作业区域所处地理环境、周边自然条件、场内功能区划分、设施布局、作业环境等来辨识存在危害因素的方法。开展现场观察的人员应具有较全面的安全技术知识和职业安全卫生法规标准知识，对现场观察出的问题要做好记录，规范整理后填写相应的危害因素辨识清单。

（二）工作前安全分析

工作前安全分析（JSA）是指事先或定期对某项工作任务进行风险评价，并根据评价结果制定和实施相应的控制措施，达到最大限度消除或控制风险的方法。新工作任务开始前，理论上均应进行分析。若工作任务风险低且有胜任能力的人员完成，以前做过分析或已有操作规程的可不再进行安全分析，但应进行有效性检查，并判断工作环境是否变化及环境变化是否导致工作任务风险和控制措施改变。

工作前安全分析的步骤：

（1）组成作业安全分析小组。

分析小组通常由4～5人组成。组长选择熟悉工作前安全分析方法的管理、技术、安全、操作人员组成小组。小组成员应了解工作任务及所在区域的环境、设备和相关操作规程。

（2）前期准备和现场考察。

作业安全分析小组应分解工作任务，实地考察现场，核查以下内容：

① 以前此项工作任务中出现的 HSE 问题和事故；

② 工作中是否使用新设备；

③ 工作环境、空间、照明、通风、出口和入口等；

④ 工作任务的关键环节；

⑤ 作业人员是否有足够的知识、技能；

⑥ 是否需要作业许可及作业许可的类型；

⑦ 现场是否存在影响安全的交叉作业；

⑧ 其他。

（3）划分作业步骤。

首先将作业的基本步骤列在工作前安全分析表格的第一列。工作步骤是根据作业的先后顺序来确定的，工作步骤需要简单说明"做什么"，而不是"如何做"。注意工作步骤不能太多，也不能太简单以至于一些基本步骤都没有考虑到，通常不超过7个步骤。如果某个工作的基本步骤超过9步，则需要分为不同的作业阶段，并分别做不同阶段的工作前安全分析。作业安全分析小组成员应该充分讨论这些步骤并达成一致意见。

（4）识别危害因素。

作业安全分析小组识别工作任务关键环节的风险，并填写"工作前安全分析表"（表2-2）。识别风险应充分考虑人员、设备、材料、环境、方法五个方面和正常、异常、紧急三种状态。

（5）风险评价。

对存在潜在危害的关键活动或重要步骤进行风险评价。根据判别标准确定风险等级，判断是否可接受。风险评价方法、标准执行集团公司《生产安全风险防控管理办法》（中油安〔2014〕445号）规定的评价标准要求。

（6）制定风险控制措施。

作业安全分析小组应针对识别出的风险逐项制定控制措施，将风险降低到可接受的范围。

（7）确定实施控制措施的负责人。

作业安全分析小组长应根据实际情况，确定风险控制措施负责人，并填写在"工作前安全分析表"上。

（8）工作前安全分析结果的管理。

（9）所有完成的工作前安全分析都应该存档。

表2-2　工作前安全分析表

记录编号：　　　　　　　日期：

单位			JSA组长		分析人员		
工作任务简述：							
新工作任务□	已做过工作任务□			交叉作业□		承包商作业□	
相关操作规程	许可证			特种作业人员资质证明			

工作步骤	危害因素描述	后果及影响人员	风险评价			现有控制措施	建议改进措施	残余风险是否可接受
			可能性	严重度	风险值			

记录保存年限：三年　　　　　　　记录填报部门：站队相关岗位　　　　　　　记录保存部门：站队相关岗位

（三）安全检查表

安全检查表（SCL）是为检查某一系统、设备以及操作管理和组织措施中的不安全因素，事先对检查对象加以剖析和分解，并根据理论知识、实践经验、有关标准规范和事故信息等确定检查的项目和要点，以提问的方式将检查项目和要点按系统编制成表，在设计或检查时，按规定项目进行检查和评价以辨识危害因素。安全检查表对照有关标准、法规或依靠分析人员的观察能力，借助其经验和判断能力，直观地对评价对象的危害因素进行分析。安全检查表一般由序号、检查项目、检查内容、检查依据、检查结果和备注等组成。

（四）危险与可操作性分析

危险与可操作性分析（HAZOP）是指在开展工艺危险性分析时，通过使用指导语句和标准格式分析工艺过程中偏离正常工况的各种情形，从而发现危害因素和操作问题的一种系统性方法，是对工艺过程中的危害因素实行严格审查和控制的技术。HAZOP 分析的对象是工艺或操作的特殊点（称为"分析节点"，可以是工艺单元，也可以是操作步骤），通过分析每个工艺单元或操作步骤，由引导词引出并识别具有潜在危险的偏差。

（五）故障树分析

故障树分析（FTA）是通过对可能造成系统失效的各种因素（包括硬件、软件、环境、人为因素等）进行分析，画出逻辑框图（故障树），从而确定系统失效原因的各种可能组合方式及其发生概率的一种演绎推理方法。故障树根据系统可能发生的事故或已经发生的事故结果，寻找与该事故发生有关的原因、条件和规律，同时辨识系统中可能导致事故发生的危害因素。

（六）事件树分析

事件树分析（ETA）是根据规则用图形来表示由初因事件可能引起的多事件链，以追踪事件破坏的过程及各事件链发生概率的一种归纳分析法。事件树从给定的初始事件原因开始，按时间进程追踪，对构成系统的各要素（事件）状态（成功或失败）逐项进行二选一的逻辑分析，分析初始条件的事故原因可能导致的时间序列的结果，将会造成什么样的状态，从而定性与定量地评价系统的安全性，并由此获得正确决策。

（七）作业条件危险分析

作业条件危险分析（LEC）是针对在具有潜在危险性环境中的作业，用与风险有关的三种因素之积（D）来评价操作人员伤亡风险大小的一种风险评估方法，D 值大，说明系统危险性大，需要增加安全措施，或改变发生事故的可能性（L），或减小人体暴露于危险环境中的频繁程度（E），或减轻事故损失（C），直至调整到允许范围。

作业条件危险性的大小以三个因素的分数值乘积 D 来评价，$D=LEC$。

（八）风险评估矩阵

风险评估矩阵（RAM）是基于对以往发生的事故事件的经验总结，通过解释事故事件发生的可能性和后果严重性来预测风险大小，并确定风险等级的一种风险评估方法。

用风险评估矩阵法进行风险评价时，首先要确定事故发生的可能性，在 A、B、C、D、E 五个等级中选定一个，然后再确定事故后果的严重程度，在 A、B、C、D、E 五个级别中确定一个级别，这两个因素交叉点落的区域代表不同的风险类型。风险类型分为不可接受的风险区域、需要引入风险削减措施的区域和可进行正常操作但仍需继续改进的区域。

第四节　风险控制方法

一、作业许可

作业许可是针对危险性作业的一种风险管理手段和管理制度。为有效控制生产过程中的非常规作业、关键作业、缺乏程序的作业以及其他危险性较大作业的风险，其组织者或作业者需要事前提出作业申请，经有关主管人员对作业过程、作业风险及风险控制措施予以核查和批准，并取得作业许可证方可开展作业，称为作业许可制度。对进入受限空间作业、挖掘作业、高处作业、移动式吊装作业、管线打开作业、临时用电作业、动火作业等，均需要施行作业许可。作业许可本身不能保证作业的安全，只是对作业之前和作业过程中所必须严格遵守的规则及所满足的条件作出规定。

二、上锁挂牌

上锁挂牌是指在作业过程中为避免设备设施或系统区域内蓄积危险能量或物料的意外释放，对所有危险能量和物料的隔离设施进行锁闭和悬挂标牌的一种现场安全管理方法。上锁挂牌可从本质上解决设备因误操作引发的安全问题，但关键还是需要人的操作，要对相关人员进行安全培训，以解决人的行为习惯养成问题，同时还要加强人员换班时的沟通。挂牌标签如图 2-1 所示。

三、安全目视化

安全目视化是通过使用安全色、标签、标牌等方式，明确人员的资质和身份、工器具和设备设施的使用状态，以及生产作业区域的危险状态的一种现场安全管理方法。安全目视化以视觉信号为基本手段，以公开化和透明化为基本原则，尽可能地将管理者的要求和意图让大家都看得见，将潜在的风险予以明示，借以提示风险。

四、工艺和设备变更管理

工艺和设备变更管理是指涉及工艺技术、设备设施及工艺参数等超出现有设计范围的改变（如压力等级改变、压力报警值改变等）的一种安全管理方法。变更审批后，需对变更形成的文件和所有相关信息准确地传递给所在的区域人员和涉及的人员，对他们进行培训。

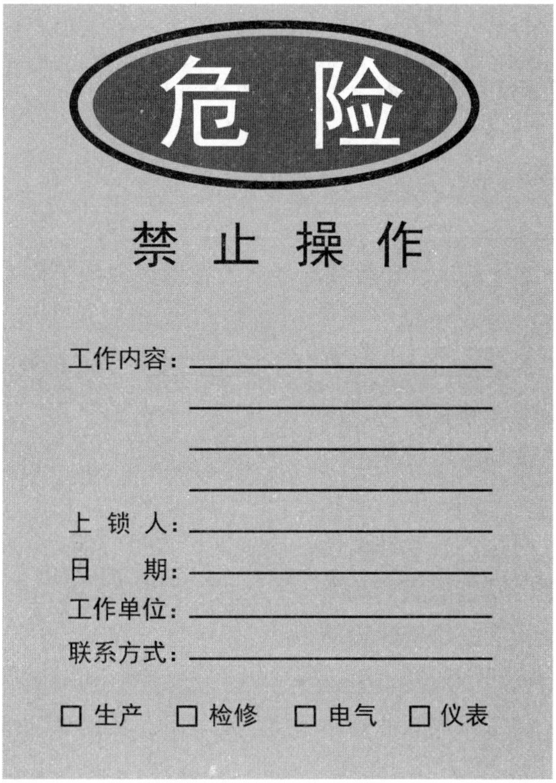

图 2-1　挂牌标签

五、应急处置卡

应急处置卡是指在岗位员工职责范围内，将应急处置规定的程序步骤写在卡片上，当作业现场或工作场所出现意外紧急情况时，提示岗位员工采取必要的紧急措施，把事故险情控制在第一现场和第一时间的一种现场安全管理方法。

针对工作场所、岗位的特点，编制简明、实用、有效的应急处置卡。应急处置卡应当规定重点岗位、人员的应急处置程序和措施，以及相关联络人员和联系方式，要领易于掌握，步骤可操作性强，便于携带。

六、安全经验分享

安全经验分享是将安全工作方法、安全经验与教训，利用各种时机在一定范围内讲解，使安全工作方法得到应用、安全经验得到分享的一种安全培训方法。

安全经验分享实施的要求：可在各种会议、培训或三人以上的组织活动之前进行。提前将安全经验分享列入会议议程或培训计划中。每次安全经验分享的时间以 1～5min 为宜。安全经验分享的形式为结合文字、图像和影像资料讲述、口头直接讲解。

第五节　油气管道风险防控程序

一、职业健康风险防控程序

（一）危害因素辨识

1．辨识范围

辨识范围应包括：常规活动、非常规活动；所有进入现场工作人员；所有设施、设备。辨识主要涉及以下内容：

（1）新建、改建、扩建项目（包括设计、施工、投入生产过程）；

（2）新工艺、新设备、新材料的投用；

（3）所有工作场所及场所内设施；

（4）输油气生产过程中涉及的物质状态；

（5）输油气生产各岗位、各管理岗位、施工现场人员的活动；

（6）体系覆盖范围内职工的生活场所；

（7）应急准备以及相应的物资、设施。

2．辨识要求

安全管理人员组织员工参加职业健康危害因素辨识，填写"职业健康危害因素排查表"，见表 2-3。

表 2-3　职业健康危害因素排查表

序号	场所活动	状态			健康危害因素																			
					物理性危害					化学性危害				生物性危害				人机工程类危害	心理、生理性危害因素				其他危害		
		正常	异常	紧急	噪声	振动	电离辐射	热/冷的温度	压力	刺激物	致癌物	有毒物质	过敏性物质	致病微生物	传染病媒介物	致害动物	致害植物	笨拙的姿势	不适当的位置工具设备	负荷超限	从事禁忌作业	危险的工作条件	心理异常等			

（二）风险评价

评价方法为凡是作业场所产生的职业健康危害因素在国家标准 GBZ 2.1—2007《工作场所有害因素职业接触限制　第 1 部分：化学有害因素》和 GBZ 2.2—2007《工作场所有害因素职业接触限值　第 2 部分：物理因素》中有的，采取矩阵法进行评价，见表 2-4，输气站评价示例见表 2-5；国家标准没有规定、也会对员工健康造成危害的，按照表 2-4 中人员、财产、职业接触限值和声誉取高值。

安全管理人员组织员工对职业危害因素根据"职业健康风险评价矩阵"进行评价，形成"职业健康危害因素风险评价表"，最终确定较高、高度职业健康风险。

表 2-4　职业健康风险评价矩阵

等级	后果				可能性				
	人员	财产	职业接触限值	声誉	1	2	3	4	5
					行业内未发生	行业内曾发生	国内曾发生	公司内曾发生	站内曾发生
1	无健康影响	经济损失1 万以下	<0.1 OEL	轻微影响	低	低	低	低	中
2	轻微伤害或健康影响	经济损失1 万～10 万元	0.1～0.5 OEL	较小影响	低	低	中	中	较高
3	严重伤害或健康影响	直接经济损失10 万～100 万元	0.5～1 OEL	严重影响	低	中	中	较高	较高
4	1～3 人死亡或残疾	直接经济损失100 万～500 万元	>1 OEL	国家性影响	低	中	较高	较高	高
5	死亡人数超过 3 人	直接经济损失500 万元以上	>10 OEL	国际性影响	中	较高	较高	高	高

注：OEL，职业接触限值，（Occupational Exposure Limit），是职业有害因素的结束限制量值，指劳动者在职业活动中长期反复接触对机体不引起急性或慢性有害健康的安全设备接触水平。

（三）风险控制

风险控制策划原则：遵循"消除、预防、减小、隔离、个体防护、警告"的原则，实行分级控制。法律法规的强制性要求必须予以控制；对中高度风险要重点制定风险控制措施；对低风险应保持现有控制措施的有效性，并予以监控。

风险控制的方式：针对评价出的较高、高度风险应按投资控制、运行控制、应急控制等方式及优先次序进行控制。对有毒害作业场有所，如化学因素、噪声等超标的作业场所应优先采取治理措施，因技术及资金等原因一时难以解决的应采取个人防护措施。

（1）投资控制：设定风险控制目标，按需求投资控制。

（2）运行控制：编制管理程序、作业文件、管理制度并按其执行，采取人员培训等手段进行风险控制。

（3）应急准备和响应控制：编制应急预案并演练，或编制应急措施等进行控制。

风险控制措施必须明确具体内容、完成期限及相关责任人。基层单位针对本单位所确定的职业健康危害因素逐项落实风险控制措施。输气站常见的职业健康风险评价示例见表 2-5。

表 2-5 输气站常见职业健康风险评价示例

序号	区域/部位设备	活动	危害因素	危害影响描述	风险评估值			原因	已采取的预防、探测、控制、减缓及应急措施	现有措施执行后的风险			进一步改进建议措施	控制部门或项目责任人	受害岗位
					后果	可能性	风险值			后果	可能性	风险程度			
1	排污区、污水井	受限空间作业	危险工作条件	窒息	4	2	8	工艺装置天然气泄漏	(1) 作业前进行含氧量检测; (2) 佩戴防毒面具,设专人监护	3	1	低	无	××作业区	工艺设备工程师、综合维修岗
2	工艺区	压力容器操作	压力	带压操作	3	2	6	压力容器压力大、操作不当	(1) 按照压力容器操作规程进行操作; (2) 对压力容器定期进行检查,操作人员培训合格后持证上岗	3	1	低	无	××作业区	工艺设备工程师、综合维修岗
3	工艺区	站场巡检	噪声	设备噪声	3	3	9	运行节流	(1) 短时间停留; (2) 远离噪声源	2	1	低	无	××作业区	工艺设备工程师、综合维修岗
4	工艺区	放空	噪声	紧急放空噪声危害	2	4	8	放空节流	(1) 放空时控制流速; (2) 佩戴防护用品; (3) 远离噪声源	2	2	低	无	××作业区	工艺设备工程师、综合维修岗
5	工艺区	刷漆	有毒物质	刺激口、鼻、皮肤	3	3	9	油漆、稀料释放有害气体	(1) 佩戴防毒口罩; (2) 尽量选择在上风方向刷漆	3	2	低	无	××作业区	工艺设备工程师、综合维修岗
6	工艺区	夏天户外作业	热的温度	中暑	2	4	8	高温天气、户外作业时间太大	高温天气减少户外作业,急救箱内配备高温防署药品	2	2	低	无	××作业区	工艺设备工程师、综合维修岗
7	发电机房	发电	噪声	耳鸣、热的温度	2	2	4	消音器损坏或排烟管破裂;触碰高温排水管	(1) 配备电工耳塞,对排烟管和消音器定期检查; (2) 高温位置粘贴警示标识; (3) 减少停留时间	1	2	低	无	××作业区	电气工程师、综合维修岗
8	配电间	电工操作	危险的工作条件	造成触电	3	3	9	不当的操作	(1) 按照电工操作规程进行操作; (2) 定期对电气设备进行检定,人员培训合格后持证上岗	3	1	低	无	××作业区	电气工程师、综合维修岗

二、安全风险防控程序

（一）危害因素辨识

1．辨识范围

辨识范围包括常规活动、非常规活动；所有进入现场工作人员；所有设施、设备。辨识主要涉及以下内容：

（1）新建、改建、扩建项目全过程；

（2）新工艺、新设备、新材料的投用；

（3）所有工作场所及场所内设施；

（4）输油气生产过程中涉及的介质；

（5）输油气生产岗位、各管理岗位、施工现场人员的活动；

（6）体系覆盖范围内职工的生活场所；

（7）应急准备以及相应的物资、设施；

（8）各非生产类活动（培训、会议、文体活动等）；

（9）其他。

2．辨识的主要途径

（1）工作前安全分析（JSA）；

（2）区域风险评价或调查；

（3）变更分析；

（4）事故事件学习；

（5）行为安全观察；

（6）工作循环检查；

（7）其他。

3．辨识的主要类型

（1）物的不安全状态，包括可能导致事故发生和危害扩大的设计缺陷、工艺缺陷、设备缺陷、保护措施和安全装置的缺陷等；

（2）人的不安全行为，包括不采取安全措施、误动作、不按规定的方法操作、某些不安全行为等；

（3）不良的工作环境，包括物理的（噪声、振动、湿度）和化学的（易燃易爆、有毒、危险气体）等；

（4）管理缺陷，包括安全监督、检查、事故防范、应急管理、作业人员安排、防护用品、工艺过程和操作方法等的管理。

4．辨识要求

安全管理人员组织相关技术人员和岗位操作员工确定危害因素辨识范围、确定辨识方法，分析辨识本单位的安全危害因素，输油站常见安全危害因素排查表见表2-6。

根据安全危害因素排查结果汇总填入本单位"安全危害因素排查清单"。

表2-6 输油站常见安全危害因素排查表

序号	场所活动	状态			安全危害因素																	
		正常	异常	紧急	火灾爆炸	接触有害物	压力危害	炸药	触电	灼烫	坠落	凝管	爆管	淹溺	储罐抽瘪	储罐冒顶	系统超压	机械伤害	车辆伤害	物体打击	窒息	其他
1	现场阀门操作		√				√		√				√									
2	地上管线	√															√					
3	启停污油泵	√	√		√		√															
4	过滤器及收发球筒排污	√	√		√		√				√							√				
5	过滤器及收发球筒排气	√	√		√		√															
6	混油拉运卸车	√	√		√														√			
7	启停密度计泵	√		√	√		√		√				√									
8	密度计排气	√			√																	
9	清理密度计过滤器	√			√		√													√		
10	调节阀	√	√				√															
11	清理过滤器	√			√													√				
12	污油罐		√		√											√					√	
13	工艺设备区巡检		√															√		√		

（二）风险评价

站队长负责组织安全管理人员、技术员、员工等对安全危害因素排查结果，根据"安全风险评价矩阵"进行评价，见表2-7。

表2-7　安全风险评价矩阵

等级	后果				可能性				
	人员	财产	环境	声誉	1	2	3	4	5
					行业内未发生（极不可能）	行业内曾发生（很少可能）	国内曾发生（有可能）	公司内曾发生（很有可能）	站内曾发生（随时有可能）
1	轻伤	经济损失10万元以下	轻微影响	轻微影响	低	低	低	低	中
2	重伤	经济损失10万~100万元	较小影响	较小影响	低	低	中	中	较高
3	1~2人死亡	直接经济损失100万~1000万元	局部影响	严重影响	低	中	中	较高	较高
4	3~9人死亡	直接经济损失1000万~5000万元	重大影响	国家性影响	中	中	较高	较高	高
5	10人以上死亡	直接经济损失5000万元以上	特大影响	国际性影响	中	较高	较高	高	高

（三）风险控制

风险控制策划原则：遵循"消除、替代、工程控制措施、警告标识规程制度等管理措施、个体防护"的优先顺序，实行分级控制。法律法规的强制性要求必须予以控制；对较高、高度风险要重点制定风险控制措施；对中、低风险应保持现有控制措施的有效性，并予以监控。

风险控制的方式：针对评价出的中度、较高、高度风险应按以下优先次序进行控制。

（1）投资控制：设定风险控制目标，按需求投资控制。

（2）运行控制：编制管理程序、作业文件、技术手册，作业人员经培训后落实执行，相关部门按要求进行监督审核，确保风险控制措施有效。

（3）应急准备和响应控制：编制应急预案并演练，必要时采取应急措施。

风险控制措施必须明确具体内容、完成期限及相关责任人。基层单位针对本单位所确定的安全风险逐项落实风险控制措施。输油站和输气站安全危害因素风险评价清单示例见表2-8、表2-9。

表 2-8 输油站安全危害风险评价清单示例

序号	区域部位/设备	活动	危害因素	危害原因描述	危害影响描述			已采取的预防、探测、控制、减缓及应急措施	措施执行后的风险			进一步改进建议措施	控制部门或负责人
					后果	可能性	风险值		后果	可能性	风险程度		
1	管道线路	输油管道管理	第三方施工造成管道损坏、破裂，引发油品泄漏事故	(1)管道巡护不到位。(2)管道保护宣传不力。(3)应急处置不当。(4)城乡结合部、新建工业园等区域施工建设活动频繁	5	4	20	(1)建立健全科学的管道巡护机制，加强管理巡护，重点地段采取针对性措施。(2)结合《管道保护法》的宣贯，加强管道保护宣传工作。(3)完善管道泄漏检测系统，遇有突发状况及时启动相应的运行预案	4	4	高	无	生产科、管道科、安全站队科及相关人员
2	输油站场	站内设备、工艺管道运行	生产区埋地管道渗油导致油渗中毒、着火、爆炸、环境污染等	(1)生产区管道渗油。(2)人员巡检不到位。(3)现场应急处置不当	4	5	20	(1)加强巡检。(2)注意监视输油压力。(3)定期开展站内埋地管道检测和开挖验证	4	4	高	对生产装置区无围堰成品油、低凝原油进行场开展环境分析，落实围堰、防渗控制措施，建立泄漏监测并可燃气体监测设施	生产科、管道科、安全站队科及相关人员
3	输油站场	施工与运行交叉作业	站场临时作业时，安全保障措施不到位，造成油气泄漏，火灾爆炸或设备伤害事故	庆铁三线、四线对调工程中，站场改造施工量大，而且与站场输油运行交叉作业。(1)无作业方案或作业方案操作性不强。(2)风险识别不到位。(3)作业方案执行不严格。(4)人员误操作或违章作业。(5)现场监督不力。(6)应急处置不当	4	5	20	(1)严格执行作业许可制度，制定并落实控制措施。(2)强化作业人员安全意识和技能培训，严格执行临时作业方案。(3)紧急情况启动相应的应急预案	4	4	高	严格按照施工方案落实作业区域物理隔离、可燃气体连续监测，应急通道保持畅通等技术措施保障生产作业安全	生产科、管道科、安全站队科及相关人员

40

续表

序号	区域部位/设备	活动	危害因素	危害原因描述	危害影响描述			已采取的预防、探测、控制、减缓及应急措施	措施执行后的风险			进一步改进建议措施	控制部门或负责人
					后果	可能性	风险值		后果	可能性	风险程度		
4	管道线路	输油管道管理	打孔盗油管破坏环境，引起油气泄漏事故、引发环境、水体、土壤污染	(1)公安系统打击力度不够。(2)管道巡保护不到位。(3)管道打孔盗油监测系统失灵。(4)建管期存在管理真空区，存在打孔盗油作案空间	4	5	20	(1)建立健全与地方政府、公安系统的联防体制，共同做好管道保护。(2)加强管道巡管理，重点地段采取针对性措施。(3)结合《管道保护法》的宣贯，加强管道保护宣传工作。(4)完善管道泄漏检测系统，遇有突发状况及时启动相应的运行预案	4	4	高	通过人防、物防、信息防等措施，最大限度降低盗油事件发生	生产科、管道科、安全科及站队相关人员
5	管道线路	输油管道运行管理	管道穿越人员居住密集区，管道泄漏油气致发生火灾、爆炸事故，造成群体人员伤亡	(1)个别管道仍然存在违章占压。(2)管道穿越密集区。(3)应急预案不合理，与地方政府未联动	5	3	15	(1)清理管道违章占压，防止新占压形成。(2)实施管道完整性管理，识别相应的风险后果，采取相应的风险消减措施。(3)与地方政府加强应急沟通，按要求对应急预案进行备案。(4)完善管道泄漏检测系统，遇有突发状况及时启动相应预案，进行人员疏散	4	3	中	(1)加强占压段的日常巡护工作。(2)加强与地方政府的协调，尽快清理违章占压。(3)编制相应的应急抢修与专项预案	生产科、管道科、安全科及站队相关人员

表2-9 输气站安全危害风险评价清单示例

序号	区域部位设备	活动	危害因素	危害原因描述	危害影响描述			已采取的预防、探测、控制、减缓及应急措施	措施执行后的风险			进一步改进建议措施	控制部门或负责人
					后果	可能性	风险值		后果	可能性	风险程度		
1	气液联动球阀	安全阀	压力危害	超压未泄放，储气罐超压爆炸	3	2	6	每年进行安全阀年度校验	3	1	3	无	××作业区
2			天然气泄漏	未超压先泄放，天然气外漏	1	5	5	(1)每年进行安全阀年度校验；(2)每周两次集中巡检，检查密封点有无泄漏情况	1	3	3	无	××作业区

续表

序号	区域部位/设备	活动	危害因素	危害原因描述	危害影响描述			已采取的预防、探测、控制、减缓及应急措施	措施执行后的风险			进一步改进建议措施	控制部门或负责人
					后果	可能性	风险值		后果	可能性	风险程度		
3	储油罐		设备故障	储油罐油位过低，GOV阀（调节阀）无法开关	2	5	10	（1）每周两次集中巡检，检查液位油是否泄漏；（2）每年冬防保温阀同对GOV阀油位进行检查和补充	2	2	4	无	××作业区
4			设备故障	储油罐油位过高，导致操作箱油溢出	2	4	8	（1）每周两次集中巡检，检查液位油是否泄漏；（2）每年冬防保温阀同对GOV阀油位进行检查和补充	2	2	4	无	××作业区
5	气液联动球阀		设备故障	液压执行机构液压油管泄漏，无法正常操作阀门	2	3	6	每周两次集中巡检，检查液压油是否泄漏	2	2	4	无	××作业区
6		手动液压执行机构	设备故障	机构卡死或油路堵塞，执行机构不动作，手压杆无法动作，无法手动开关阀门	2	3	6	每年对设备维护保养	2	2	4	无	××作业区
7		卡套	天然气泄漏	（1）卡套连接处有划痕；（2）卡套变形	1	5	5	每周集中巡检，检查所有密封点外漏情况	1	3	3	无	××作业区
8		ESD电磁阀	阀门误动作	电磁阀掉电	2	5	10	每周集中巡检，自动化月检时检查ESD机柜内UPS（不间断电源）以及电源模块工作状况，确保工作正常	2	3	6	无	××作业区

三、环境风险防控程序

（一）危害因素辨识

1．辨识范围

辨识范围应覆盖企业所有部门、所有活动、所有活动场所、所有产品、所有使用的产品和服务。辨识重点关注以下活动：

（1）企业生产过程（含工艺设施、设备）；

（2）新工艺、新设备、新材料的投用；

（3）新建、改建、扩建、大修理项目（包括设计、施工、投入生产过程）；

（4）物资采购、储存、调拨等过程；

（5）办公、生活、后勤活动；

（6）外包服务活动所带来的环境因素；

（7）应急准备以及相应的物资、设施。

2．环境因素的类别

环境因素的类别有：原料消耗、能源消耗、大气排放、水体排放、废物的产生管理和处置、对植物的影响、噪声、辐射、视觉污染、光污染等。

3．环境因素辨识方法

采用现场观察、调查表、专家咨询、第三方评价机构评价等方法，辨识本单位的环境因素。

（1）现场观察法：观察各个生产现场，对各种设备使用过程中的跑、冒、滴、漏，废水、废气（烃类挥发）、噪声及废弃物产生排放等进行辨识。

（2）调查表：对新建、改建、扩建工程施工过程中潜在的植被破坏、土地占有等环境因素进行辨识；对输油生产过程原油、污水等潜在的泄漏及资源、能源消耗等环境因素进行辨识。对物资采购和服务过程中环境因素进行辨识。

（3）专家咨询法：聘请经验丰富的专业技术人员、专家分析输油气生产、管道建设（更改、大修）过程中潜在的环境因素。

（4）第三方评价法：聘请第三方评价机构评价。

（二）风险评价

一般以直接判断法和矩阵分析法对环境风险进行评价。

1．直接判断法评价

（1）废水：

① 油品输送、储存过程中产生的含油污水及其他工业污水超标排放或虽经简单处理仍不达标，直接评定为重要环境因素。

② 环保设施发生异常情况时的废水排放，定为重要环境因素。

（2）废气：加热炉吹灰直接排放的，定为重要环境因素。

（3）噪声：输油气生产、建设中产生的引起相关方抱怨的噪声，定为重要环境因素。

（4）固体废弃物：

① 油品输送发生的油品外泄，可评为重要环境因素。

② 有毒有害废弃物（列入《国家危险废物名录》的）处理不符合有关要求或未找到好的处理办法的（如清罐产生的油泥），判定为重要环境因素。

③ 有毒有害易燃易爆等物品（包括化学品）在采购、运输、储存、使用、废弃过程中可能有重大环境影响的，可评为重要环境因素。

④ 新购设备的运行、材料的使用等可能对环境产生很大影响，可评为重复环境因素。

（5）资源能源有下列情况之一的可评为重要环境因素：

① 有较大节降潜能；

② 没有管理控制的；

③ 行业对比浪费较大。

（6）可能发生重大环境破坏的事故隐患，可评为重要环境因素。

（7）相关方合理抱怨以及地方政府要求严格的，可评为重要环境因素。

（8）目前经济技术可行，通过方案措施能够解决的，可评为重要环境因素。

2. 矩阵分析法评价

矩阵分析法根据后果和可能性乘积组合的结果分为一般和重要两个等级。环境因素风险评价矩阵见表 2-10。

表 2-10　环境因素风险评价矩阵

后果				可能性					
等级	财产	环境	声誉	1 行业内未发生（极不可能）	2 行业内曾发生（很少可能）	3 国内曾发生（有可能）	4 公司内曾发生（很有可能）	5 站内曾发生（随时有可能）	6 违反法规标准
1	经济损失10万元以下	轻微影响	轻微影响	一般	一般	一般	一般	一般	重要
2	经济损失10万~100万元	较小影响	较小影响	一般	一般	一般	一般	一般	重要
3	直接经济损失100万~1000万元	局部影响	严重影响	一般	一般	一般	一般	重要	重要
4	直接经济损失1000万~5000万元	重大影响	国家性影响	一般	一般	一般	重要	重要	重要
5	直接经济损失5000万元以上	特大影响	国际性影响	一般	一般	重要	重要	重要	重要

（三）环境风险控制

环境风险控制以首先选择能够消除环境影响的方式为原则，其次采取可降低环境影响的方式。

环境风险控制的方式：针对评价出的重要环境因素应至少采取以下控制方式之一进行控制。

（1）投资控制：设定风险控制目标，按需求投资控制。

（2）运行控制：编制管理程序、作业文件，并按其执行，采取人员培训等控制手段进行环境影响控制。

（3）应急准备和响应控制：编制应急预案并演练，或编制应急措施等。

输油站重要环境因素清单示例见表2-11，输气站环境因素清单示例见表2-12。

表2-11 输油站重要环境因素清单示例

序号	存在部位/涉及单位	活动、产品、服务	环境因素	环境影响	控制、管理相关部门	控制方法
1	生产区	站内输油管网、设备、储罐泄漏油品或溢罐	废液排放	土壤污染、水污染	输油站、生产科、安全科	（1）认真依照《××省固体废物污染环境防治条例》有关条款，依法处理和排放废弃物。 （2）严格执行《输油站油库管理规定》《站场设施完整性管理程序》《设备巡检和定人定机管理规定》等相关条款，加强巡检，及时发现，及时报告，及时处置。 （3）严格执行《输油气生产环境保护规定》规范输油生产过程的控制，坚决防范环境污染事故的发生。 （4）依据体系文件《环境保护管理程序》《绿色基层站（队）建设与管理规定》等相关条款进行排放。 （5）突发事件发生，判断事件类型后，严格依照《××输油气分公司生产安全事故应急预案》《突发环境事件专项应急预案》等响应及执行
2	站外管道	地震、洪水等自然灾害引发管道变形、断裂，油品泄漏	废液排放	土壤污染、大气污染	输油站、生产科、安全科、管道科	（1）认真执行体系文件《管道保护管理程序》《埋地钢制管道阴极保护系统运行管理规定》加强管道巡护，监控管道阴极保护设备运行。 （2）突发事件发生时，判断事件类型后，严格依照《××输油气分公司生产安全事故应急预案》《突发环境事件专项应急预案》等响应及执行。 （3）××分公司已编制完成"一地一案"，针对管道所经区域的自然地理情况制定有针对性的预案。 （4）依据体系文件《环境保护管理程序》《绿色基层站（队）建设与管理规定》避免污染物造成环境事故
3	站外管道	站外管道因打孔盗油、第三方破坏泄漏油品	可能发生重大环境破坏的事故隐患	土壤污染、水污染、大气污染	输油站、管道科、安全科	（1）严格依照《管道保护法》进行管道宣传及保护。加强管道管理，健全与地方、公安、武警的联防体制，严厉打击打孔盗油分子。 （2）认真执行体系文件《管道保护管理程序》《埋地钢制管道阴极保护系统运行管理规定》加强管道巡护，监控管道阴极保护设备运行，杜绝管道违章施工。 （3）突发事件发生，判断事件类型，严格依照《××输油气分公司生产安全事故应急预案》《突发环境事件专项应急预案》等响应及执行
4	线路阀室	阀室油品泄漏	可能发生重大环境破坏的事故隐患	土壤污染、水污染、大气污染	输油站、管道科、安全科	（1）认真执行《管道保护管理程序》管道巡护管理中所有内容，加强对于各类自然灾害的监视，严密控制自然灾害及其次生灾害对管道线路的影响。 （2）××分公司已编制完成"一地一案"，针对管道所经区域的自然地理情况制定有针对性的预案。 （3）依据体系文件《环境保护管理程序》《绿色基层站（队）建设与管理规定》避免污染物造成环境事故

表 2-12 输气站环境因素清单示例

序号	存在部位/涉及部门	活动、产品、服务	环境因素	环境影响	评价结果	控制方法
1	所辖管道及站场	管道破损	大气排放、水体污染、植被被破坏	天然气泄漏着火爆炸造成资源浪费、空气污染,同时灭火用消防废水污染,着火后烧坏植被	一般	加强管道巡护确保无破损,一旦发生火灾立即组织灭火并拨打 119,消防用废水通过积液坑加防透膜集中回收统一处理
2	所辖管道	管沟开挖	生土外露、植被损坏	生态破坏	一般	在保证安全的前提下,缩小作业带,开挖时将生熟土分开存放,回填时先填生土后填熟土
3	发电机房	发电	噪声、大气排放	噪声污染、发电机燃烧不充分产生碳排放	一般	佩戴耳塞、定期对发电机进行检修,确保燃烧充分
4	车辆	汽车行驶	大气排放	尾气排放污染空气	一般	定期对车辆进行维护保养,并进行尾气排放检测,发现超标及时维修
5	车辆	汽车维修	废轮胎	固体废物	一般	与有资质单位签订协议,定期回收处理
6	综合办公	日常办公	墨盒、硒鼓	固体废物	一般	到计算机公司以旧换新或重新充装
7	排污池	污水处理	水体排放、向土地排放	污染水体及土壤	一般	与有资质单位签订协议,定期回收处理

第三章

基础安全知识

第一节 个人劳动防护用品

劳动防护用品是指使员工在劳动过程中，免遭或者减轻事故伤害及职业危害的个人防护装备。按照个人防护部位，劳动防护用品分为以下七类：第一类，头部防护用品，如安全帽、工作帽等；第二类，呼吸防护用品，如防毒面具、呼吸器等；第三类，眼面部防护用品，如防护面罩、防护眼镜等；第四类，听力防护用品，如耳塞、耳罩等；第五类，手部防护用品，如绝缘手套、电焊手套等；第六类，足部防护用品，如防砸鞋、绝缘鞋等；第七类，躯体防护用品，如工作服、雨衣、防辐射铅衣等。

一、头部防护用品

（一）定义和分类

油气管道企业主要使用的头部防护用品是安全帽（图 3-1），安全帽是指对人头部受坠落物及其他特定因素引起的伤害起防护作用的防护用品，一般由帽壳、帽衬、下颏带、附件组成。安全帽适用于大部分工作场所，在坠落物伤害、轻微磕碰、飞溅的小物品引起的打击、可能发生引爆的危险场所等应配备安全帽。

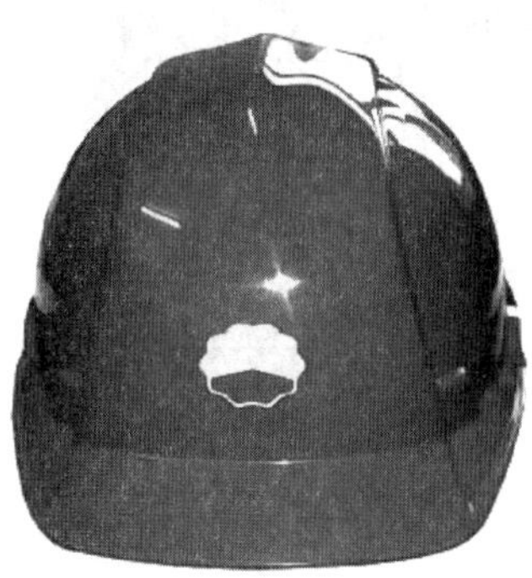

油气管道企业常用安全帽分为普通安全帽和防寒安全帽，其中，防寒安全帽根据帽壳内部尺寸不同分为大号和小号两种。

图 3-1 安全帽

（二）使用要求

（1）使用安全帽时，首先要选择与自己头形适合的安全帽，佩戴安全帽前，要仔细检查合格证、使用说明、使用期限，并调整帽衬尺寸，其顶端与帽壳内顶之间必须保持 20~50mm 的空间，可缓冲、分散瞬时冲击力，从而避免或减轻对头部的直接伤害。

（2）不能随意对安全帽进行拆卸或添加附件，以免影响其原有的防护性能。

（3）佩戴时，一定要将安全帽戴正、戴牢，不能晃动，要系紧下颌带，调节好后箍，以防安全帽脱落。

（4）破损或变形的安全帽以及出厂年限达到 2.5 年（即 30 个月）的安全帽应进行报废处理。需要特别注意的是，受到严重冲击的安全帽，虽然其整体外观可能没有明显损坏，但其实际防护性能已大大下降，也应进行报废处理。

二、呼吸防护用品

呼吸防护用品是指防御缺氧空气和空气污染物进入呼吸系统的防护用品。油气管道企业生产、抢险中常用的呼吸防护用品有自吸过滤式防颗粒物呼吸器（习惯称为防尘口罩）和正压式呼吸器。

（一）自吸过滤式防颗粒物呼吸器

1. 定义和分类

自吸过滤式防颗粒物呼吸器是靠佩戴者呼吸克服部件阻力，防御颗粒物等危害呼吸系统或眼面部的防护用品。在接触粉尘的作业场所，作业人员应佩戴自吸过滤式防颗粒物呼吸器。

（1）该呼吸器按照面罩结构可分为全面罩、可更换式半面罩和随弃式面罩。

全面罩是指能覆盖口、鼻、眼睛和下颌的密合型面罩，如图 3-2（a）所示。

半面罩是指能覆盖口和鼻，或覆盖口、鼻和下颌的密合型面罩，如图 3-2（b）所示。

随弃式面罩主要是由滤料构成面罩主体的不可拆卸的半面罩，由于产品没有配件可以更换，通常无法清洗和消毒以保持面罩的卫生和清洁，因此通常最多只使用一个工作班，使用后或任何部件失效时应整体废弃，如图 3-2（c）所示。

  (a) 全面罩   (b) 可更换式半面罩   (c) 随弃式面罩

图 3-2　常用自吸过滤式防颗粒物呼吸器

（2）过滤元件按过滤性能可分为 KN 和 KP 两类，KN 类只适用于过滤非油性颗粒物，KP 类适用于过滤油性和非油性颗粒物。

2．使用要求

（1）随弃式面罩佩戴时应调整好头带位置，按照自己鼻梁的形状塑造鼻夹，确保气密性良好。

（2）可更换式半面罩呼吸器佩戴时应调节好头带松紧度，并做佩戴气密检查。

（3）使用防颗粒物呼吸器时，随颗粒物在过滤材料上的累积，过滤效率通常会逐渐升高，吸气阻力随之逐渐增加，使用者感到不舒适，应及时更换。

（4）随弃式口罩不可清洗，阻力明显增加时需整体废弃，更换新口罩。

（二）正压式呼吸器

1．定义和原理

正压式呼吸器是在任一呼吸循环过程，面罩与人员面部之间形成的腔体内压力不低于环境压力的一种空气呼吸器。使用者依靠背负的气瓶供给所呼吸的气体，气瓶中的高压压缩气体被高压减压阀降为中压 0.7MPa 左右，经过中压管线送至需求阀，然后通过需求阀进入呼吸面罩。吸气时需求阀自动开启，呼气时需求阀关闭、呼气阀打开，所以整个气流是沿着一个方向构成一个完整的呼吸循环过程。

在有毒有害气体（如硫化氢、一氧化碳等）大量溢出的现场，以及氧气含量较低的作业现场，都应使用正压式呼吸器。

2．结构

正压式呼吸器由供气阀组件、减压器组件、压力显示组件、背具组件、面罩组件、气瓶和瓶阀组件、高压及中压软管组件构成。

3．使用要求

（1）应急用呼吸器应保持待用状态，气瓶压力一般为 28～30MPa，低于 28MPa 时，应及时充气，充入的空气应确保清洁，严禁向气瓶内充填氧气或其他气体。

（2）应急用呼吸器应置于适宜储存、便于管理、取用方便的地方，不得随意变更存放地点。

（3）危险区域内，任何情况下，严禁摘下面罩。

（4）听到报警哨响起，应立即撤出危险区域。

（5）进入危险区域作业，必须两人以上，相互照应。

（6）呼吸器及配件避免接触明火、高温。

（7）呼吸器严禁沾染油脂。

（三）过滤式防毒面具

过滤式防毒面具是通过滤毒罐、盒内的滤毒药剂滤除空气中的有毒气体再供人呼吸的防护用品，因此劳动环境中的空气含氧量低于 19.5%时不能使用。其结构主要由面罩主体和滤毒件两部分组成，通常滤毒药剂只能在确定了毒物种类、浓度、气温和一定的作业时间内起防护作用，所以过滤式防毒面具不能用于险情重大、现场条件复杂多变和有两种以上毒物的作业。

三、眼面部防护用品

（一）定义和分类

眼面部防护用品是指防御电磁辐射、紫外线及有害光线、烟雾、化学物质、金属火花和飞屑、尘粒，抗机械和运动冲击等伤害眼睛、面部和颈部的防护用品。

油气管道企业常用的眼面部防护用品是防护眼镜、防护面罩。

防护眼镜是在眼镜架上装有各种护目镜片，防止不同有害物质伤害眼睛的眼部防护用品，如敲击作业时使用的防冲击眼镜（图3-3）。防护眼镜按照外形结构分为普通型、带测光板型、开放型和封闭型。

防护面罩是防止有害物质伤害眼面部、颈部的防护用品，分为手持式、头戴式、全面罩、半面罩等多种形式，如焊接作业时使用的手持式焊接面罩（图3-4）。

图 3-3　防冲击眼镜

图 3-4　手持式焊接面罩

（二）使用要求

（1）存在固体异物高速飞出风险的作业时，如打磨、敲击作业，作业人员要佩戴防冲击眼镜。

（2）存在液体喷溅风险的作业时，作业人员应佩戴防喷溅眼罩。

（3）每次使用前后都应检查，当镜片出现裂纹时，或镜片支架开裂、变形或破损时，都必须及时更换。

（4）不应把近视镜当作防护眼镜使用。

（5）应保持防护眼镜清洁干净，避免接触酸、碱物质，避免受压和高温，当表面有脏污时，应用少量洗涤剂和清水冲洗。

四、听力防护用品

（一）定义和分类

长时间工作在噪声环境下，会导致听力减弱，强的噪声可以引起耳部的不适，如耳鸣、耳痛、听力损伤。听力防护用品是指保护听觉、使人耳免受噪声过度刺激的防护用品。油气管道企业常用的听力防护用品是耳塞和耳罩。

　　耳塞是插入外耳道内，或置于外耳道口处的护耳器。耳塞的种类按其声衰减性能分为防低频声耳塞、防中频声耳塞、防高频声耳塞和隔高频声耳塞；按使用材料分为纤维耳塞、塑料耳塞、泡沫塑料耳塞和硅胶耳塞。油气管道企业常用的是泡沫塑料耳塞，如图 3-5 所示。

　　耳罩是由压紧每个耳廓或围住耳廓四周而紧贴在头上遮住耳道的壳体所组成的一种护耳器。耳罩外层为硬塑料壳，内部加入吸引、隔音材料，如图 3-6 所示。

图 3-5　泡沫塑料耳塞　　　　　　　　　　图 3-6　耳罩

（二）使用要求

　　（1）佩戴泡沫塑料耳塞时，应先洗净手，将圆柱体搓成锥形体后再塞入耳道，让塞体自行回弹充满耳道。

　　（2）使用耳罩时，应先检查罩壳有无裂纹和漏气现象，佩戴时应注意罩壳的方向，顺着耳廓的形状戴好。佩戴时应将连接弓架放在头顶适当位置，尽量使耳罩软垫圈与周围皮肤相互密合，如不合适时，应移动耳罩或弓架，调整到合适位置为止。

　　（3）无论戴用耳罩还是耳塞，均应在进入噪声区前戴好，在噪声区不得随意摘下，以免伤害耳膜。如确需摘下，应在休息时或离开后，到安静处取出耳塞或摘下耳罩。耳塞或耳罩软垫用后需用肥皂、清水清洗干净，晾干后再收藏备用。合理安排劳动和休息，减少持续接触噪声的时间。定期进行职业健康体检，对患有听觉器官、心血管及神经系统器质性疾病者，应积极治疗。

五、手部防护用品

（一）定义与分类

　　手部防护用品具有保护手和手臂的功能，供作业者劳动时戴用的手套称为手部防护用品，通常人们称为劳动防护手套。

　　手部防护用品根据使用环境要求分为一般防护手套、各种特殊防护（防水、防寒、防高温、防振）手套、绝缘手套等。油气管道企业常用的手部防护用品主要有一般防护手套、耐酸碱手套、绝缘手套、电焊手套。

一般防护手套由纤维织物拼接缝制而成，具备一定的耐磨、抗切割、抗撕裂和抗穿刺性能，是适用于一般生产作业活动的基础防护手套，如图 3-7 所示。

耐酸碱手套是采用特殊橡胶合成，除了满足一般防护手套机械性能外，还可满足在酸碱溶液中长时间连续使用的一种特殊性能防护手套，根据生产需要有长度 30cm 至 82cm 不同规格可供选择，如图 3-8 所示。

图 3-7　一般防护手套　　　　　　　　　　图 3-8　耐酸碱手套

绝缘手套又称高压绝缘手套，是用绝缘橡胶或乳胶经压片、模压、硫化或浸模成型的一种特殊性能防护手套，主要用于电工作业；根据适用电压等级分为从 0 到 4 共五级，油气管道企业生产作业中多使用 0 级（380V）和 1 级（3000V）绝缘手套，如图 3-9 所示。

电焊手套是保护手部和腕部免遭熔融金属滴、短时接触有限的火焰、对流热、传导热和弧光的紫外线辐射以及机械性伤害的一种特殊性能防护手套，如图 3-10 所示。

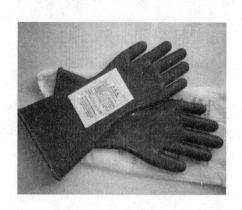

图 3-9　绝缘手套　　　　　　　　　　图 3-10　电焊手套

（二）使用要求

（1）首先应了解不同种类手套的防护作用和使用要求，以便在作业时正确选择，切不可把一般场合用手套当作某些专用手套使用，如棉布手套、化纤手套等作为电焊手套来用，耐火、隔热效果很差。

（2）在使用绝缘手套前，应先检查外观，如发现表面有孔洞、裂纹等应停止使用。

（3）绝缘手套使用完毕后，按有关规定保存好，以防老化造成绝缘性能降低；使用一段时间后应复检，合格后方可使用。

（4）所有手套大小应合适，避免手套指过长，被机械绞或卷住，使手部受伤。

（5）不同种类手套有其特定的用途，在实际工作时一定要结合作业情况来正确使用和区分，以保护手部安全。

六、足部防护用品

（一）定义和分类

足部防护用品是防止生产过程中有害物质和能量损伤劳动者足部的护具，主要指足部防护鞋（靴）。

按照 GB/T 28409—2012《个体防护装备 足部防护鞋（靴）的选择、使用和维护指南》，足部防护鞋（靴）常见种类包括保护足趾鞋（靴）、防刺穿鞋（靴）、导电鞋（靴）、防静电鞋（靴）、电绝缘鞋（靴）、耐化学品鞋（靴）、低温作业保护鞋（靴）、高温防护鞋（靴）、防滑鞋（靴）、防振鞋（靴）、防油鞋（靴）、防水鞋（靴）、多功能防护鞋（靴）。

多功能防护鞋（靴）除具有保护特征，还具有上述鞋（靴）中所需功能。油气管道企业广泛应用的安全鞋也是一种多功能防护鞋（靴），它兼具防砸、防穿刺、防滑、耐油、防水等功能，如图 3-11 所示。

（二）使用要求

（1）不得擅自修改安全鞋的构造。

（2）穿着安全鞋时，应尽量避免接触锐器，经重压或重砸造成鞋内钢包头明显变形的，不得再作为安全鞋使用。

（3）在一般工作条件下，安全鞋的使用年限为1年，穿着1年后应检查，如有明显损坏不得再作为作业保护用鞋使用。

（4）长期在有水或潮湿的环境下使用会缩短安全鞋的使用寿命。

图 3-11 多功能防护鞋

（5）安全鞋的存放场地应保持通风、干燥，同时要注意防霉、防蛀虫。

（6）安全鞋每次使用后应用刷子除去灰尘，然后将鞋放在通风处干燥。

七、躯体防护用品

（一）定义和分类

躯体防护用品通常称为防护服，如一般防护服、防水服、防寒服、防油服、防辐射服、隔热服、防酸碱服等。油气管道企业生产作业使用较多的是一般防护服、防水服、防爆服。

一般防护服是指防御普通伤害和脏污的躯体防护用品。油气管道企业根据生产现场需求，在一般防护中加入导电纤维，使其具有防静电性能。

防水服是指具有防御水透过和漏入的防护服，如劳动防护雨衣。

防静电服是为了防止服装上的静电积聚，用防静电织物为面料，按规定的款式和结构而缝制的工作服。防静电织物在纺织时，大致等间隔或均匀地混入导电纤维或防静电合成纤维或者两者混合交织而成的织物，也可是经处理具有防静电性能的织物。

防静电服主要技术指标（GB 12014—2009《防静电服》）如下：表面电阻率 $1010\Omega \cdot m$，表面粘附性 0s，耐洗涤性>100 次，抗拉强度 29.4N，织物电荷密度≤$3\mu C/m^2$。

防静电服不产生静电，主要用于油气管道企业现场直接或间接接触油品人员，或因作业需消除身体静电人员，以及其他防火防静电施工人员。

（二）使用要求

（1）使用者应穿戴符合自身身材的防护服，防止过大或过小造成操作不便导致人身伤害。

（2）沾染油污、酸碱等有害物质的防护服应及时清理和清洗，防止造成皮肤伤害。

（3）施工人员进入防静电区域前，首先穿戴好防静电服。穿戴防静电服要拉好拉链，衣兜内不能携带易产生静电的物品或火种。禁止在易燃易爆场合穿脱防静电服。禁止在防静电服上附加或佩戴任何金属物件。

第二节　安全色与安全标志

一、安全色

（一）定义

安全色：传递安全信息含义的颜色，包括红、蓝、黄、绿四种颜色。

对比色：使安全色更加醒目的反衬色，包括黑、白两种颜色。

安全标记：采用安全色和（或）对比色传递安全信息或者使某个对象或地点变得醒目的标记。

（二）颜色表征

1. 安全色

（1）红色：传递禁止、停止、危险或提示消防设备、设施的信息。

（2）蓝色：传递必须遵守规定的指令性信息。

（3）黄色：传递注意、警告的信息。

（4）绿色：传递安全的提示性信息。

2. 对比色

安全色与对比色同时使用时，应按表3-1搭配使用。

表 3-1 对比色

安全色	红色	蓝色	黄色	绿色
对比色	白色	白色	黑色	白色

（1）黑色：用于安全标志的文字、图形符号和警告标志的几何边框。

（2）白色：用于安全标志中红、蓝、绿的背景色，也可用于安全标志的文字和图形符号。

3．相间条纹

安全色与对比色的相间条纹为等宽条纹，倾斜约 45°。

（1）红色与白色相间条纹：表示禁止或提示消防设备、设施位置的安全标记。

（2）黄色与黑色相间条纹：表示危险位置的安全标记。

（3）蓝色与白色相间条纹：表示指令的安全标记，传递必须遵守规定的信息。

（4）绿色与白色相间条纹：表示安全环境的安全标记。

二、安全标志

（一）定义

安全标志是用以表达特定安全信息的标志，由图形符号、安全色、几何形状（边框）或文字构成。

（二）分类及基本形式

安全标志分禁止标志、警告标志、指令标志和提示标志四大类型。

1．禁止标志

禁止标志的基本形式是带斜杠的圆边框，常见的禁止标志如图 3-12 所示。

图 3-12 常见的禁止标志

2．警告标志

警告标志的基本形式是正三角形边框，常见的警告标志如图 3-13 所示。

图 3-13　常见的警告标志

3．指令标志

指令标志的基本形式是圆形边框，常见的指令标志如图 3-14 所示。

图 3-14　常见的指令标志

4．提示标志

提示标志的基本形式是方形边框，常见的提示标志如图 3-15 所示。

图 3-15　常见的提示标志

三、消防安全标志

消防安全标志由几何形状、安全色、表示特定消防安全信息的图形符号构成。标志的几何形状、安全色及对比色、图形符号色的含义见表 3-2。具体内容见 GB 13495.1—2015

《消防安全标志　第1部分：标志》。常见消防安全标志如图3-16所示。

表3-2　消防安全标志的含义

几何形状	安全色	安全色的对比色	图形符号色	含　义
正方形	红色	白色	白色	标识消防设施（如报警装置和灭火设备）
正方形	绿色	白色	白色	提示安全状况（如紧急疏散逃生）
带斜杠的圆形	红色	白色	黑色	表示禁止
等边三角形	黄色	黑色	黑色	表示警告

图3-16　常见消防安全标志

四、石油天然气生产专用安全标志

石油天然气生产专用安全标志规定了石油天然气勘探、开发、储运、建设等生产单位生产作业场所和设备、设施的专用安全标志。具体内容见 SY/T 6355—2017《石油天然气生产专用安全标志》。常见石油天然气生产专用安全标志见图3-17。

图3-17　常见石油天然气生产专用安全标志

五、重大危险源告知牌

按照《危险化学品重大危险源监督管理暂行规定》第二十五条要求，站队应当在醒目位置设置重大危险源安全警示牌（图3-18），内容应包括：

（1）危险源的名称、等级；

（2）危险源地点、部位；

（3）危险物质的理化特性；

（4）危险源的危险特性；

（5）应急处置措施；

（6）安全警告及防护标识；

（7）联系人及联系电话。

六、职业健康告知栏

按照《中华人民共和国职业病防治法》第二十五条要求，站队应当在醒目位置设置职业病危害公告栏（图3-19），公告栏内容应包括：

（1）危害物质的名称及其理化特性；

（2）危害产生的部位及后果影响；

（3）危害监测结果及标准限值；

（4）防护措施及应急处置；

（5）安全警告及防护标识。

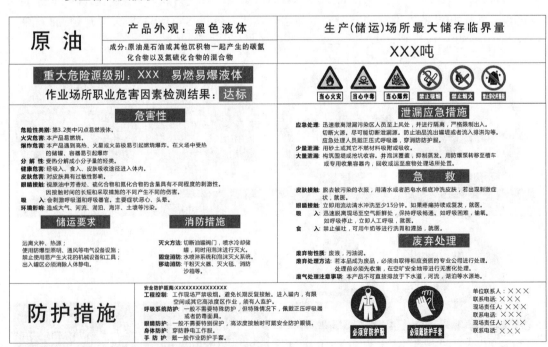

图 3-18　重大危险源告知牌

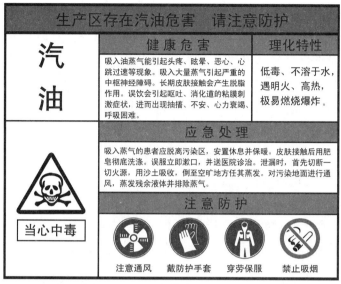

（a）汽油

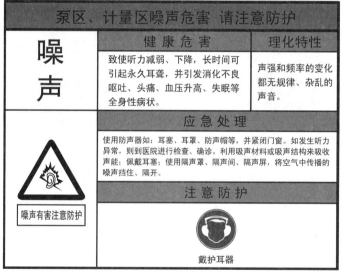

（b）噪声

图 3-19 职业病危害告知牌

第三节 安全设施和器材

一、检测仪器

在生产过程中对财产与人的健康、生命造成危害的因素大体上可以分为物理、化学与生物三方面。其中化学因素的影响和危害性最大，而有毒有害气体又是化学因素中最普遍、最常见的。根据危害源将有毒有害气体分为可燃气体与有毒气体两大类。有毒气体又根据对人体不同的作用机理分为刺激性气体、窒息性气体和急性中毒的有机气体三大类。因此，快速检测出作业环境有毒有害气体并及时报警，对防范和减低相应伤害具有重要意义。生产作业现场通常使用气体检测仪对作业环境中相应气体成分和含量进行检测。

（一）气体检测仪定义和分类

气体检测仪是一种检测气体泄漏浓度的仪器仪表，按照安装方式分为固定式和便携式气体检测仪；按照检测方式分为：扩散式和泵吸式气体检测仪；按照被检测气体类别分为硫化氢气体检测仪、可燃气体检测仪、氧含量检测仪、复合气体检测仪等。气体检测仪主要利用气体传感器来检测环境中存在的气体成分和含量。

根据油气储运企业生产实际，现场使用较多的气体检测仪主要有硫化氢气体检测仪、氧含量检测仪、可燃气体检测仪以及四合一气体检测仪，如图 3-20 所示。

(a) 硫化氢气体检测仪

(b) 氧含量检测仪

(c) 四合一气体检测仪

(d) 可燃气体检测仪

图 3-20　常用的气体检测仪

（二）气体检测仪适用范围

1. 硫化氢气体检测仪

在天然气输送站场压缩机厂房和排污罐区等易产生硫化氢气体聚集的区域，巡检、作业人员应佩戴便携式硫化氢气体检测仪。

2．氧含量检测仪

在经常使用氮气、惰性气体（氩气、氦气）等可能造成窒息的场所，应安装固定式氧含量检测仪。对于一些临时性的有限空间作业，在进入作业区域前，应进行强制通风，再使用便携式氧含量检测仪进行检测，确保氧气浓度符合要求方可进入作业。

3．可燃气体检测仪

便携式可燃气体检测仪多用于站场及维抢修现场可能存在可燃气体析出、积聚的区域。在油品输送站场生产工艺区、泵棚区、储罐区及排污罐区等易产生可燃气体聚集的区域，巡检、作业人员应佩戴便携式可燃气体检测仪。

4．四合一气体检测仪

四合一气体检测仪适用于以上单一或可能存在多种气体检测需求的现场。

（三）使用要求

（1）首次使用前，需由有资质的检验单位对气体检测仪进行检定校准。

（2）使用时，应在非危险区域开启气体检测仪，气体检测仪自检无异常，检查电量充足后方可佩戴使用。

（3）严禁在危险区域对气体检测仪进行更换电池和充电。

（4）应避免气体检测仪从高处跌落，或受到剧烈振动。如意外跌落或受到剧烈振动，必须重新进行开机和报警功能测试。

（5）气体检测仪传感器要根据其使用寿命定期由有资质的单位进行检验和更换，出具检验合格报告后方可继续使用。

（6）气体检测仪应建立台账和使用维护记录。

二、消防设施和器材

（一）消防设备设施

（1）消防给水类：包括消防水池、消防栓（包括消防水枪、水带）、启动消防按钮、管网阀门、水泵结合器、消防水箱、增压设施（包括增压水泵、气压水罐等）、消防卷盘及消防水鹤（包括胶带和喷嘴）、消防水泵（包括试验和检查用压力表、放水阀门）、消防栓及水泵接合器的标志牌。

（2）建筑防火及安全疏散类：包括防火门、防火窗、防火卷帘、推闩式外开门和消防电梯。

（3）防烟、排烟设施类：包括排烟窗开启装置、挡烟垂壁、机械防烟设施（包括送风口、压力自动调节装置、机械加压送风机、消防电源及其配电）、机械排烟设施（包括排烟风机、排烟口、排烟防火阀、消防电源及其配电）。

（4）电气和通信类：包括消防电源、自备发电机、应急照明、疏散指示标志、火灾事故照明、可燃气体浓度检漏报警装置、消防专线电话、火灾事故广播器材。

（5）火灾自动报警系统类：包括各类火灾报警探测器、各级报警控制器、系统接线装置、系统接地装置。

（6）自动喷淋灭火系统类（湿式、干式、雨淋喷淋灭火系统和水幕系统）：包括水源及供水装置、各类喷头、报警阀、控制阀、系统检验装置、压力表、水流指示器、管道充气装置、排气装置。

（7）气体灭火系统类（二氧化碳、卤代烷等气体灭火系统）：包括各类喷头，储存装置，选择装置，管道及附件，防护区门、窗、洞口自动关闭装置，防护区通风装置。

（8）水喷雾自动灭火系统类：水雾喷头、雨淋阀组、过滤器、传动管、水源和供水装置。

（9）低倍数泡沫灭火系统类（固定式、半固定式泡沫灭火系统）：包括泡沫消防泵、泡沫比例混合装置、泡沫液储罐、泡沫产生器、控制阀、固定泡沫灭火设备、泡沫钩管、泡沫枪、泡沫喷淋头。

（10）安全附件：包括大罐呼吸阀、阻火器、安全阀、泡沫发生器。

（二）消防器材

消防器材分类如下：灭火器、消防桶、消防铣、消防钩、消防斧、消防扳手、消防水带、消防水（泡沫）枪、消防砂、灭火毯、火灾探测器等。

1．灭火器

灭火器由筒体、器头、喷嘴等部件组成，借助驱动压力可将所充装的灭火剂喷出，达到灭火目的。灭火器由于结构简单，操作方便，轻便灵活，使用面广，是扑救初期火灾的重要消防器材。

灭火器的种类很多，按其移动方式分为手提式、推车式和悬挂式；按驱动灭火剂的动力来源可分为储气瓶式、储压式、化学反应式；按所充装的灭火剂类型又可分为清水、泡沫、酸碱、二氧化碳、卤代烷、干粉等。生产现场常用的灭火器是干粉灭火器和二氧化碳灭火器。

不同类型灭火器适用的火灾种类如表 3-3 所示。

表 3-3　灭火器适用的火灾种类

灭火器类型	A 类火灾（固体）	B 类火灾（油品类）	B 类火灾（水溶性溶液）	C 类火灾（气体）	E 类火灾（电气设备）
磷酸铵盐干粉	适　用	适　用	适　用	适　用	适　用
碳酸氢钠干粉	不适用	适　用	适　用	适　用	适　用
二氧化碳	不适用	适　用	适　用	适　用	适　用
清　水	适　用	不适用	不适用	不适用	不适用

注：（1）火灾类型详见本章第七节油气储运防火防爆知识。

（2）输油泵房（区）、阀室、加热炉区、计量间等 B 类以及使用、输送天然气等 C 类火灾场所，应选择碳酸氢钠干粉灭火器、磷酸铵盐干粉灭火器。

（3）A 类火灾和低压电气设备综合性的火灾场所，应选用磷酸铵盐干粉灭火器、碳酸氢钠干粉灭火器。

（4）站控室、输油泵电机间、变电所、配电间、化验室等配、发有精密仪器、贵重物品的场所应选择二氧化碳灭火器。

干粉灭火器和二氧化碳灭火器的原理和使用要求详见本章第七节油气储运防火防爆知识。

2．消防水带和消防水枪

消防水带是火场供水的必备器材，按材料不同分为麻织、锦织涂胶、尼龙涂胶；按口径不同分为 50mm、65mm、75mm、90mm；按承压不同分为甲、乙、丙、丁，四级各承受的水压强度不同，水带承受工作压力分别为大于 1MPa、0.8～0.9MPa、0.6～0.7MPa、小于 0.6MPa；按照水带长度不同分为 15m、20m、25m、30m。

消防水枪是灭火时用来射水的工具。其作用是加快流速，增大和改变水流形状。消防水枪按照水枪口径不同分为 13mm、16mm、19mm、22mm、25mm 等；按照水枪开口形式不同分为直流水枪、开花水枪、喷雾水枪、开花直流水枪几种。

3．火灾探测器

物质在燃烧过程中，通常会产生烟雾，同时释放出称之为气溶胶的燃烧气体，它们与空气中的氧气发生化学反应，形成含有大量红外线和紫外线的火焰，导致周围环境温度逐渐升高。这些烟雾、温度、火焰和燃烧气体称为火灾参量。火灾探测器的基本功能就是对烟雾、温度、火焰和燃烧气体等火灾参量作出有效反应，通过敏感元件，将表征火灾参量的物理量转化为电信号，送到火灾报警控制器。根据对不同的火灾参量响应和不同的响应方法，分为若干种不同类型的火灾探测器，主要包括感光式火灾探测器、感烟式火灾探测器、感温式火灾探测器、复合式火灾探测器等。在输油气站场的站控制室、机柜间、变配电间等，采用智能感温感烟探测器进行火灾监测，同时配有报警器，进行报警和记录并将报警信号传送至站控制系统。

三、防爆用具

（一）防火帽

防火帽是一种安装在高温烟气排气管后，允许排气流通过，且阻止排气流内的火焰和火星喷出的安全防火、阻火装置。

作业现场存在油气溢出的风险，因此，同其他易燃易爆场所一样，进出车辆均应安装防火帽（机动车排气火花熄灭器）。

汽车防火帽主要采用涡旋阀式结构，用夹紧箍固定于机动车排气管尾部（将带有夹紧箍的开口一端套在机动车排气管上，然后拧紧夹紧箍两边的螺母），不影响排气，进入易燃易爆重点防火区域或禁火区域时关闭防火阀门，能够完全熄灭汽车排气管尾气中夹带的火花。

汽车防火帽的选择需要根据每辆汽车排气管的粗细来选择，常用的规格［以机动车排气管直径（外径）算］有 30～80mm 之间的 11 种规格（30mm，35mm，40mm，45mm，50mm，55mm，60mm，65mm，70mm，75mm，80mm），另外还有 85～130mm 之间的 10 种规格（85mm，90mm，95mm，100mm，105mm，110mm，115mm，120mm，125mm，130mm）特别为了大型的车辆准备。油气管道企业现场常用的规格有 70mm，75mm，80mm，

85mm，90mm，95mm，100mm，105mm，110mm 等几种。

（二）防爆工具

防爆工具采用非钢制材料制成，以避免钢制材料器具间或钢与水泥地面、岩石碰撞、摩擦等原因产生火花，而引起易燃易爆场所周围可燃性物质的燃烧和爆炸。

防爆工具的防爆原理：因不含碳元素，不会出现氧→铁→碳反应链，避免产生火花。油气管道生产现场使用的防爆工具常采用铜合金材质，在不产生火花的同时，使防爆工具具备高强度、高硬度的特点，满足现场生产需求。常用的防爆工具有防爆扳手、管钳等。

四、防雷装置

防雷装置分为两大类，外部防雷装置和内部防雷装置。外部防雷装置由接闪器（接闪杆、网、带、线）、引下线和接地装置组成，即传统的防雷装置。内部防雷装置主要用来减小建筑物内部的雷电流及其电磁效应，如采用电磁屏蔽、等电位连接和装设电涌保护器（SPD）等措施，防止雷击电磁脉冲可能造成的危害，主要包含等电位、屏蔽、防静电感应、防浪涌、防跨步电压、防接触电压等。根据油气管道企业生产实际，本节仅对外部防雷装置简要介绍。

（一）接闪器

接闪器主要包括避雷针、避雷带（线）、避雷网以及用作接闪器的金属屋面和金属构架等。避雷针宜采用热镀锌圆钢或钢管，针长 1m 以下时，采用圆钢时其直径不应小于12mm，采用钢管时其直径不应小于 20mm；针长 1～2m 时，采用圆钢时其直径不应小于 16mm，采用钢管时其直径不应小于 25mm。避雷网或避雷带宜采用圆钢或扁钢，优先采用圆钢，采用圆钢时其直径不应小于 8mm；采用扁钢时其截面积不应小于 48mm²，厚度不应小于 4mm。

当采用金属屋面作接闪器时，金属板之间采用搭接方式时，其搭接长度不应小于100mm；金属板下无易燃物品时，其厚度不应小于 0.5mm；有易燃物时，其厚度，铁板不应小于 4mm，铜板不应小于 5mm，铝板不应小于 7mm。

（二）引下线

引下线是指连接接闪器与接地装置的金属导体。引下线宜采用热镀锌圆钢或扁钢，优先采用圆钢，采用圆钢时其直径不应小于 8mm；采用扁钢时其截面积不应小于 48mm²，厚度不应小于 4mm。引下线应沿建筑物外墙明敷，并沿最短路径接地；如必须暗敷时，圆钢直径不应小于 10mm，扁钢截面积不应小于 80mm²。当有多根引下线时，需在每根引下线距地面 0.3～1.8m 之间设置断接卡，断接卡一般采用搭接焊的形式。断接卡两连接螺栓的长度应不小于 40mm。

（三）接地装置

接地装置包括接地线和接地体两部分，接地体又分为水平接地体和垂直接地体两种。

埋于土壤中垂直接地体宜采用角钢、钢管或圆钢，埋于土壤中的水平接地体宜采用扁钢或圆钢。圆钢直径不应小于 10mm；扁钢截面不应小于 $100mm^2$，其厚不应小于 4mm；角钢厚度不应小于 4mm；钢管壁厚不应小于 3.5mm。人工接地体在土壤中的埋设深度不应小于 0.5m，并宜敷设在当地冻土层以下，其距离或基础不宜小于 1m，接地体应远离由于高温影响使土壤电阻率升高的地方。垂直接地体的长度宜为 2.5m，垂直接地体间的距离及与水平接地体间的距离宜为 5m，受地方限制时可适当缩小。接地线与接地体采用焊接形式时，扁钢焊接长度宜为边宽的 2 倍（且至少 3 个棱边焊接）；圆钢焊接长度宜为圆钢直径的 6 倍；圆钢与扁钢连接时，其长度为圆钢直径的 6 倍。

五、静电释放装置

（一）静电的危害

静电危害是由静电电荷或静电场能量引起的。在生产工艺过程中以及操作人员的操作过程中，某些材料的相对运动、接触与分离等原因导致了相对静止的正电荷和负电荷的积累，即产生了静电。在有爆炸和火灾危险的场所，静电放电火花会成为可燃性物质的点火源，造成爆炸和火灾事故。人体因受到静电电击的刺激，可能引发二次事故，如坠落、跌伤等。

（二）人体静电消除器

人体静电消除器是采用一种无源式电路，利用人体的静电使电路工作，最后达到消除静电的作用。它的特点是：体积小，重量轻，不需电源，安装方便，消除静电时无感觉。

由于人们穿着人造织物衣服极为普遍，人造织物极易产生静电，往往积聚在人体上。为防静电可能产生的火花，需对进入爆炸危险区域等处的扶梯上或入口处设置人体静电消除器，如图 3-21 所示。当手掌与触摸球接触，即可达到人体静电安全释放的目的。

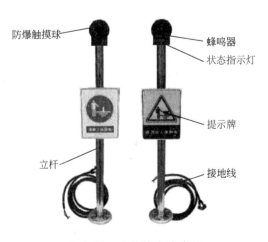

防爆触摸球　　蜂鸣器　　状态指示灯　　提示牌　　立杆　　接地线

图 3-21　人体静电消除器

六、电气安全用具

（一）基本绝缘安全用具

1．绝缘棒

绝缘棒又称令克棒、绝缘拉杆、操作杆等。绝缘棒由工作头、绝缘杆和握柄三部分构成（图 3-22）。绝缘棒用来操作高压跌落式熔断器、单极隔离开关、柱上断路器和装拆临时接地线等。

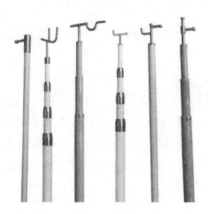

图 3-22　绝缘棒

2．高压验电器

高压验电器是一种用来检查高压线路和电气设备是否带电的工具，是变电所常用的最基本的安全用具（图 3-23），一般以辉光作为指示信号，新式高压验电器也有靠音响或语言作为指示的。

3．绝缘夹钳

绝缘夹钳是在带电情况下，用来安装和拆卸高压保险器或执行其他类似工作的工具（图 3-24）。

图 3-23　高压验电器

图 3-24　绝缘夹钳

（二）辅助绝缘安全用具

1．绝缘手套和绝缘靴（鞋）

绝缘手套和绝缘靴是由特殊的橡胶制成。绝缘靴的作用是使人体与地面绝缘，只能作为防止跨步电压触电的辅助安全用具，无论在什么工作电压下，都不能作为基本绝缘安全用具。也就是穿绝缘靴后，不能用手触及带电体。

2．绝缘垫

绝缘垫作为辅助绝缘安全用具，一般铺在配电室的地面上，以便在带电操作断路器或隔离开关时增强操作人员的对地绝缘，防止接触电压和跨步电压对人体的伤害。绝缘垫使用时应保持清洁，经常检查有无破洞、裂纹或损坏现象。

（三）一般防护用具

一般防护用具包括携带式接地线、隔离板、临时遮栏、各种安全工作标志牌、安全腰带等。

1．携带式接地线

当高压设备停电检修或进行其他工作时，为了防止停电设备所产生的感应电压或检修设备的突然来电对人体的伤害，需要使用携带式接地线将停电设备的三相电源短路接地，同时将设备上的残余电荷对地放掉。接地线使用的导线为多股铜线，截面积不应小于 $25mm^2$。接地线要有统一编号，固定位置存放，存放位置统一编号，即"对号入座"。接地线的连接应使用专用的线夹，禁止缠绕。

2．隔离板、临时遮栏

在高压设备上进行部分停电工作时，为了防止工作人员走错位置，误入带电间隔或接近带电设备至危险距离，一般采用隔离板或临时遮栏进行防护。

隔离板用干燥的木板制成，高度一般不小于 1.8m，下部边缘离地面不超过 100mm，在板上有明显的警告标志"止步，高压危险！"标志牌。

临时遮栏是将线网或线绳固定在停电设备周围的铁棍上形成，高度不低于1.7m，下部边缘离地面不超过 100mm。装设遮栏是为了限制工作人员的活动范围，防止他们接近或触及带电部分。部分停电的工作在未停电设备之间的安全距离小于表 3-4 规定值时，应装设临时遮拦，临时遮拦与带电部分的距离不能大于表 3-5 的规定值，在临时遮栏上应悬挂"止步，高压危险！"的标志牌。

表 3-4　设备不停电时的安全距离

电压等级，kV	10 及以下	35	66，110
安全距离，m	0.70	1.00	1.50

表 3-5　临时遮拦与带电部分的安全距离

电压等级，kV	10 及以下	35	66，110
安全距离，m	0.35	0.60	1.50

3．安全腰带

安全腰带是防止高空作业时坠落的用具，用皮革、帆布或化纤材料制成，由大小两根带子组成，小的系在腰间，大的系在电杆或牢固的构架上，使用前要检查接头和挂钩完好。

4．安全帽

具体内容见第三章第一节头部防护用品。

5．安全标识

具体内容见第三章第二节安全色与安全标志。

七、防坠落器材

安全带

安全带是防止高处作业人员发生坠落或发生坠落后将作业人员安全悬挂的个体防护装备，如图 3-25 所示。

1．结构

（1）安全绳：在安全带中连接系带与挂点的绳。

（2）缓冲器：串联在系带和挂点之间，发生坠落时吸收部分冲击能量、降低冲击力的部件。

（3）系带：坠落时支撑和控制人体、分散冲击力，避免人体受到伤害的部件。

（4）主带：系带中承受冲击力的带。

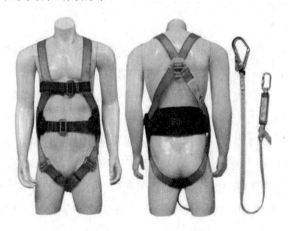

图 3-25　安全带

2．使用前检查

每次使用安全带前，除按要求检查安全带以外，还应检查安全绳及缓冲器装置各部位是否完好无损，安全绳、系带有无断股、撕裂、损坏、缝线开线、霉变，金属件是否齐全，有无裂纹、腐蚀变形现象，弹簧弹性是否良好，以及是否有其他影响安全带性能的缺陷，如果发现存在影响安全带强度和使用功能的缺陷，立即更换。

3．穿戴要求

（1）将安全带穿过手臂至双肩，保证所有系带没有缠结，自由悬挂，肩带必须保持垂直，不要靠近身体中心。

（2）将胸带通过穿套式搭扣连接在一起，多余长度的系带穿入调整环中。

（3）将腿带与臀部两边系带上的搭扣连接，将多余长度的系带穿入调整环中。

（4）从肩部开始调整全身的系带，确保腿部系带的高度正好位于臀部下方，然后对腿部系带进行调整，试着做单腿前伸和半蹲，调整使两侧腿部系带长度相同，胸部系带要交叉在胸部中间位置，并且大约离开胸骨底部 3 个手指宽的距离。

4．使用要求

（1）安全带应高挂低用，拴挂于牢固的构件或物体上，应防止挂点摆动或碰撞，禁止将安全带挂在移动或带有尖锐棱角或不牢固的物件上。

（2）使用坠落悬挂安全带的挂点应位于垂直于工作平面上方位置且安全空间足够高、大。

（3）使用安全带时，安全绳与系带不能打结使用，也不准将钩直接挂在安全绳上使用，应挂在连接环上使用。

（4）安全绳（含未打开的缓冲器）有效长度不应超过 2m，有两根安全绳（含未打开的缓冲器）其单根有效长度不应超过 1.2m。严禁将安全绳接长使用，如需使用 2m 以上的安全绳，应采用自锁器或速差式防坠器。

（5）使用中不得拆除安全带各部件，严禁修正安全带上的缝合方法、绳索或 D 环等配件。

（6）安全带不使用时，存放地点不应接触高温、明火、强酸强碱或尖锐物体，不应存放在潮湿的地方。

（7）高处动火作业使用阻燃安全带，严禁使用普通安全带。

第四节　交通安全

一、交通安全常识

道路交通系统有三个基本要素：人、车、环境。在三个要素中，驾驶员是环境的理解者和车辆操作指令的发出与执行者，是系统的核心；车和环境因素必须通过人才能起作用。三要素协作运动才能实现道路交通系统的安全性要求。

《中国石油天然气集团公司道路交通安全管理办法》指出道路交通安全工作坚持"安全第一、预防为主"的方针，遵循"谁主管，谁负责"的原则，逐级落实；落实交通安全责任制，实施车辆运行分级监控和驾驶员分级管理。

（一）人员因素

人员因素是影响道路交通安全的核心因素，包括驾驶员、行人和乘客等。

1．驾驶员

驾驶员是指依法取得《中华人民共和国机动车驾驶证》并持有驾驶相应车辆内部"准驾证"的人员（包含合同化员工及市场化用工人员）。驾驶员变更准驾车型应重新申领相应类别车型的内部准驾证。

据有关资料分析，在道路交通事故原因中，因驾驶员各种交通违法行为造成的事故约占 70%以上，而影响安全驾驶导致事故发生的驾驶员自身因素是多方面的，有驾驶员心理因素、生理因素、不安全行为因素和驾驶经验知识及技能因素等。人的心理活动对驾驶具有指向和调节控制的作用，人的不安全行为是导致事故发生的直接原因。因此，辨识和控制驾驶员自身的不安全因素，对于安全行车、预防事故的发生具有非常重要的现实意义。

1）不安全行为

（1）超速行驶，当遇到紧急情况时没有足够的反应时间和制动距离；

（2）安全带使用不正确，驾驶车辆时司机接打手机或与乘车人员闲聊、嬉闹，思想不集中；

（3）不注意或没按道路指示的标识行驶；

（4）随意停车，并在停车时未采取相应的安全措施；

（5）开快车、开赌气车、强超抢会、疲劳驾驶、酒后驾车；

（6）安全车距不足、跟车不当、观察判断失误、交通信息处理不当；

（7）行驶中紧急制动、随意掉头和变道、违章拖曳故障车；

（8）酒后驾车。

2）驾驶员的不安全心理

驾驶员的不安全心理有惰性心理、侥幸心理、麻痹心理、急躁心理、从众心理、自负心理、消极心理、情绪异常、注意力不集中和事故倾向性个性心理等。

交通事故可能是由驾驶员情绪变化而导致的，如：

（1）因工作和生活中的各种原因，心情沮丧、压力大、悲伤、兴奋、烦躁；

（2）受其他人的影响，驾驶员怀有挑逗、争强好胜的心情；

（3）由于其他车辆的刮蹭、碰撞，使驾驶员生气抱怨；

（4）当道路发生严重堵塞时，驾驶员心生怨恨；

（5）行驶中对他人的行为举动感到愤懑；

（6）驾驶时思考与驾车无关的事情。

2．行人

行人的遵章意识、交通行为会对道路交通安全产生明显影响。行人的自由度大，且与车辆的行驶速度差距很大，在捷径心理的支配下，往往会突然闯到机动车前，特别是市区、学校等人员密集区域；由于结伴而行在从众心理支配下，往往相互以对方为依赖，忽视交通安全而导致事故发生。

3．乘客

乘客的行为也会对道路交通安全状况产生影响。乘客具备较强的安全意识，一旦事故发生能够采取必要的自救措施，有利于减少事故发生或降低事故的损害程度。

（二）设备因素

道路交通中的设备因素包括车辆、安全设施等。

1．车辆

车辆是指承担集团公司及所属企业生产经营任务的在道路上运行的机动车，包括自有和租赁的机动车，不含场（厂）内专用机动车。车辆应具有良好的行驶安全性，是减少交通事故的必要前提。车辆的行驶安全性包括主动安全性和被动安全性。

（1）主动安全性指车辆本身防止或减少交通事故的能力。它主要与车辆的制动性、动力性、转向、轮胎、操纵稳定性、结构尺寸、视野和灯光等因素有关。

（2）被动安全性是指发生事故后，车辆本身所具有的减少人员伤亡、货物受损的能力。提高车辆被动安全性的装置有：安全带、安全气囊、安全玻璃、安全门、灭火器等。

油气管道服务企业特种车辆多，危险货物运输车、起重机以及其他工程车辆，需要在普通车辆风险辨识基础上进行再辨识，并采取相应的预防措施。

车辆按照运行风险的大小分为一类车辆、二类车辆和三类车辆。一类车辆包括载运《危险货物品名表》（GB 12268—2012）中的危险货物及《危险化学品目录（2015 版）》中的危险化学品的车辆（以下统称危险货物运输车辆），20 座及以上大型载客汽车，用于员工通勤的 10 座及以上中型载客汽车；二类车辆包括其他中型载客汽车，重型载货汽车（总质量为 12t 及以上的普通货运车辆），通信仪器车、消防车、应急抢险车等专项作业车，以及各类现场作业半挂车；三类车辆为除一类车辆、二类车辆以外的其他车辆。

按照《中国石油天然气集团公司道路交通安全管理办法》要求，一类和二类车辆应安装、使用符合国家和集团公司标准的卫星定位系统车载终端（以下简称车载终端），三类车辆可根据需要安装、使用车载终端。

行驶车辆应保证证照齐全，随车工具、备胎、灭火器、急救包齐全完好，倒车镜完整、清晰、安装牢固，车窗玻璃保持完好、透视良好，挡风玻璃附近无杂物，车灯、指示灯、手制动、脚制动性能良好，轮胎保证状态良好，适于其用途。座位及安全带保持完好，驾驶室内保持整洁，高、低音喇叭完好，保险杠、踏板安装牢固、无变形，电瓶连接良好、干净稳固，各部位无漏电。

从事油料运输的车辆应为专用油罐车，并取得危险货物运输证。车辆结构牢固，机械、电路性能良好，不应安装、使用无线电通信设施。设置危险品标志。排气管安装防火帽，配备两具不小于 4kg 的干粉灭火器。安装防静电接地装置，接地良好。配备照明用防爆手电，罐体及加油设备固定牢固，车内存放化学品安全说明书（MSDS）。

2．安全设施

安全设施和道路交通安全有很大关系，安全设施一方面能够有效对驾驶员和其他出行者进行引导和约束，使驾驶员对车辆的操纵安全而规范，使其他出行者与机动车流保持合理的隔离，从而降低事故的发生概率；另一方面能够在车辆出现操控异常后，有效地对车辆进行缓冲和防护，尽可能地减少人员伤亡和财产损失。

常见的交通安全设施有：交通标志、交通标线、护栏和栏杆、视线诱导设施、隔离栅、防护网、防眩设施、避险车道、防风栅、防雪栅、积雪标杆、限高架、减速丘、凸面镜等。

（三）环境因素

环境因素主要包括道路、行驶周围环境、天气气候等。

1．道路

1）路面

路面状况与交通事故发生率密切相关，二者的关系如表 3-6 所示。

表 3-6　不同路面状况与交通事故率的关系

路面状况	干燥	湿滑	路面不湿而滑	路面积雪结冰	合计
粗糙化前事故率，%	21	44	15	2	82
粗糙化后事故率，%	18	5	4	0	27

为满足车辆的安全运行要求，路面应具有以下性能：强度和刚度、稳定性、表面平整度、表面抗滑性、耐久性。

2）视距

行车视距是指为了保证行车安全，司机应能看到行车路线上前方一定距离的道路，以便发现障碍物或迎面来车时，采取停车、避让、错车或超车等措施，在完成这些操作过程中所必须的最短时间里汽车的行驶路程。在道路平面和纵面设计中应保证足够的行车视距，以保证行车安全。

3）线形

道路几何线形要素的构成是否合理，线形组合是否协调，对交通安全有很大影响。

（1）平曲线。平曲线与交通事故关系很大，曲率越大事故率越高，尤其是曲率大于 10以上时，事故率急剧增加。

（2）竖曲线。道路竖曲线半径过小时，易造成驾驶员视野变小、视距变短，从而影响驾驶员的观察和判断，易产生事故。

（3）坡度。据调查资料，平原、丘陵与山地三类道路，交通事故率分别为 7%、18% 和25%，主要原因是下坡来不及制动或制动失灵造成。

（4）交叉口特性。当两条或两条以上走向不同的道路相交时便产生交叉口，分平面交叉口和立体交叉口两类。立体交叉口不同交通流在空间上是分离的，彼此之间不发生冲突，而平面交叉口由于存在不同车流的冲突，从而易导致交通事故。因此，为保障交通安全，减少事故的发生，在通过车流量较大的交叉口时应尽量绕行或缓慢行驶。

2．行驶周围环境

现场多为山坡、泥地、沙漠、戈壁等环境，尤其是山区道路路面狭窄，驾驶视线容易受阻，跟车、超车、会车存在危险；有些路段因盘山绕行、临崖靠涧，有容易发生翻车、坠崖的危险。夜间行车可能因突发情况处理不及时等原因导致事故。因此驾驶员遇上述情况应减速，尽可能避免超车，谨慎驾驶。

3．天气气候

雨天、雪天路面以及北方冬季桥梁冰冻路面摩擦系数降低，刹车距离加大，司机要加大车距，延长刹车距离。尤其是在桥梁冰冻路面，除降低车速和增大车距以外，采用防御性驾驶方式，紧握方向盘，尽可能在道路中间行驶，为处理复杂情况提供充足的时间和距离。雾天能见度低，出现团雾安全风险更大，因此车辆上路前多关注天气情况，避免雾天行车。

雨雪天行车注意事项：

（1）保持良好的视野。雨天开车上路除了谨慎驾驶以外，要及时打开雨刷器，天气昏暗时还应开启近光灯和防雾灯。雪天应及时清理车窗、后视镜等部位的积雪，保持视线清晰。

（2）控制车速，切忌急转弯。要和前车保持足够的安全距离，遇到异常情况应当缓踩刹车，避免车辆侧滑。

（3）防止涉水陷车。当车经过有积水或者立交桥下、深槽隧道等有大水漫溢的路面时，首先应停车查看积水的深度，水深超过排气管，容易造成车辆熄火；水深超过保险杠，容易进水。不要高速过水沟、水坑，这样会产生飞溅，导致实际涉水深度加大，容易造成发动机进水。

（4）注意观察行人。由于雨中的行人撑伞，骑车人穿雨披，他们的视线、听觉、反应等受到限制，有时还为了赶路横穿猛拐，往往在车辆临近时惊慌失措而滑倒，使司机措手不及。遇到这种情况时，司机应减速慢行，耐心避让，必要时可选择安全地点停车，切不可急躁地与行人和自行车抢行。

二、水上交通安全管理

（一）乘船安全注意事项

在水网区域涉及水上作业，员工需乘船到达施工现场，水上行船，具有一定的危险。

（1）乘船时要注意安全，上船后，应听从有关人员指挥，穿好救生衣。不要把危险物品、禁运物品带上船。

（2）不乘坐超载、无证、人货混装船以及其他简陋船只。

（3）上下船要排队按次序进行，不拥挤、争抢，以免造成挤伤、落水等事故。上下船走浮桥时，注意脚下，防止滑倒跌入水中。

（4）天气恶劣，如遇大风、大浪、浓雾等，应尽量避免乘船。

（5）不要在船头、甲板等地打闹、追逐，以防落水。不要拥挤在船的一侧，以防船体倾斜，发生事故。

（6）船上的许多设备都与保证安全有关，不要乱动，以免影响正常航行。

（7）夜间航行，不要将手电筒或其他发光源来回摇晃，以免引起误会或使驾驶员产生错觉而发生危险。

（8）一旦发生意外，要保持镇静，听从有关人员指挥。

（二）翻船后自救方法

当遇到风浪袭击时，不要慌乱，要保持镇静，不要站起来或倾向船的一侧，要在船舱内分散坐好，使船保持平衡。若水进入船内，要全力以赴将水排出。

如果发生翻船事故，要懂得木制船只一般是不会下沉的。人被抛入水中，应立即抓住船舷并设法爬到翻扣的船底上。在离岸边较远时，最好的办法是等待救援。

玻璃纤维增强塑料支撑的船翻了以后会下沉，但有时船翻后，因船舱中有大量空气，能使船漂浮在水面上，这时不要再试图将船正过来，要尽量使其保持平衡，避免空气跑掉，并设法抓住翻扣的船只，以等待救助。

三、陆上交通安全管理

（一）机动车辆安全管理

1．车辆允许使用基本条件

（1）符合国家关于机动车运行安全技术条件的要求，通过年检；

（2）车辆所有座位均应按要求配备安全带，并保证合格好用；

（3）除消防车辆、管道维抢修特种车辆（挖掘机、装载机、吊车）以外所有自有产权的在用机动车辆必须安装符合国家标准并具备GPS功能的车辆行驶记录仪；

（4）车籍与车管单位相符，证照齐全。

2．车辆安全检查

（1）驾驶员应严格执行车辆的"三检"制度，即出车前、行驶途中和回厂后的车辆检查、保养，做到小故障不过夜，故障不排除次日不出车；

（2）站队每周对车辆进行一次安全检查，填写"车辆安全检查表"；

（3）车辆的安全保护装置应齐全、可靠、灵敏，对刹车等重要安全保护装置应定期进行检验、调校，确保安全、可靠；

（4）若发现与本单位同型号的车辆发生设备安全事故，应立即对本单位该型号车辆进行检查、处理，确保安全后方可使用。

3．车辆安全检查内容

（1）车辆卫生：车内外卫生整洁，无尘土、无杂物；机盖内清洁，无杂物、无油污；

（2）机油状态：抽机油尺，油面高度不得低于刻度，机油颜色不混浊发黑，无杂质；

（3）防冻液/制动液：看液面高度，在最小和最大刻度之间；

（4）电路状态：电瓶干净、插接线路规范，电线无裸露；

（5）发动机：启动顺畅、无异响，运行平稳，怠速正常；

（6）雨刮器：喷水试验，喷水正常，启动顺畅、清洗干净；

（7）灯光系统：行车灯、近光灯、远光灯、转向灯、刹车灯、雾灯等工作正常；

（8）制动器：手刹车，拉紧试验；必要时，启动车辆，做刹车试验；

（9）仪表盘：车内各类仪表指示灯显示正常，无报警；

（10）轮胎状态：气压正常，胎纹清晰，无铁钉、玻璃嵌入，固定螺母无松动，有备胎，入冬前更换雪地胎；

（11）油箱状态：无漏油，油箱盖无丢失、无松动；

（12）车牌/证件：车牌无损坏，车牌号清晰，行驶证、保险贴、年检贴齐全；

（13）随车工具：千斤顶、扳手、螺丝刀、灭火器、三角警示牌等齐全；

（14）GPS车载终端：通过GPS监控系统检查车载终端完好在用；

（15）安全带：车辆前后排安全带完好；

（16）防盗装置：防盗报警器正常，门锁无损坏。

（二）驾驶员安全管理

（1）驾驶员资格的确认。

只有经过正式培训，审验合格，持《中华人民共和国机动车驾驶证》和《中国石油管道公司机动车准驾证》的人员，方能驾驶本单位机动车辆。

无"双证"的驾驶人，驾驶本单位机动车按无证驾驶论处。发生事故一切后果自负，并追究有关人员责任。

大型工程车辆、大客车、特种车辆及危险物品运输的车辆和驾驶员还应取得国家规定的特种车辆和驾驶员资格证书。

（2）定期对驾驶员各类不安全行为进行检查，检查结果纳入驾驶员的定期考核。

（3）严禁强令驾驶员违章行车。对各种违章指挥，驾驶员有权拒绝驾驶车辆。

（4）建立驾驶员监督考核作业指导书，定期对交通违章与交通事故进行分析研究，有针对性地制订出有效的预防措施。

（5）外聘驾驶员管理。

① 若聘用外部司机驾驶本单位车辆，要对应聘司机驾驶能力进行认真考核，要求应聘司机必须具有驾驶同种车型2年以上的经验，在"准驾证"和安全教育等方面的管理上同本单位驾驶员一样对待。

② 对于外聘或随车的外部驾驶员年龄必须在55周岁以下，并且要有当年县级以上医院出具的体检合格证明。

③ 若租用外单位车辆在3个月以上，随车的外单位驾驶员的安全教育应同本单位驾驶员一样对待。

（三）交通安全教育

站队应定期对驾驶员及相关人员进行交通安全培训。站队每月、班组每周必须组织驾驶员进行安全教育活动。安全教育活动需详细记录。驾驶员每年培训时间不少于48学时，其中单位集中培训不得少于两次。驾驶员因外出执行任务或其他原因不能参加培训时，应进行补课。

交通安全教育培训主要内容应包括但不限于：有关交通安全法律法规、规定及上级主管部门的通报、指示等；交通安全常识；交通运输风险管理知识；安全驾驶技术；车辆机械常识；职业道德教育；交通事故案例等。站队对驾驶员的培训应有培训计划、培训教案、教师、培训和考核记录。

站队应对本单位员工进行安全乘车教育。乘车安全须知包括：

（1）不携带易燃易爆、有毒有害危险物品；

（2）按照要求扣系安全带；

（3）不与驾驶员闲谈或打闹，妨碍驾驶员安全行驶；

（4）不将肢体伸出车外；

（5）未停稳前，不上下车；

（6）遇见其他突发事件，沉着冷静，服从司乘人员指挥离车或采取其他处置措施。

（四）交通安全设施和通道管理要求

（1）站队必须加强道路安全设施管理，要按照规定在场（矿）区道路、场门、弯道、单行路、交叉路、场区限制道路、管制道路、场区铁路道口等处设置交通安全标志。

（2）任何单位不得在场区道路上进行有碍交通安全的作业。需要临时占道、破土施工以及跨越道路拉设绳架时，由施工单位提出申请，主管部门核实，安全管理部门审核批准后，方可施工。施工单位施工时，须设有明显标志和安全防围设施，夜间要有警示灯。

（3）场区交通道路应平坦畅通，有足够的照明，路侧要设有下水道（明沟应加盖），并定期疏通，严禁向路面排放蒸汽、烟雾、酸碱等有害的物质，冬季积聚的冰雪要及时消除。

（4）严禁在场区要道和消防通道上堆积物资设备。交通道路两侧堆放的物资，要离道边 1~2m，堆放要牢固，跨越道路拉设的绳架高度不得低于 5m。

（五）车辆运行监督管理

1．出车审批及三交一封

（1）出车实行出车审批制，填写"出车审批单"，由站队车辆调度人员管理。

（2）用车应提出申请，经站队领导或授权人批准后，车辆调度根据在用车辆数量、种类和完好情况指派相应车辆（包括驾驶员）执行任务。不准公车私用。

（3）车辆调度应向驾驶员发放"出车审批单"。

（4）未经站领导有效审批的长途车辆，一律视为跑私车，发生事故后果责任自负，同时追究单位领导责任。

（5）各种长途出车前，车辆调度和安全工程师两级严格把关，对车辆进行安全检查，对驾驶员进行安全教育。

（6）凡是节假日除生产生活值班车辆外，其他车辆一律实行"三交一封"（交车辆钥匙、行驶证、准驾证，封存车辆）。

（7）车辆调度安排车辆执行任务时应对拟派的车辆和执行的任务以及气象、行驶路线等进行风险判断，有选择地派出具体车辆。

（8）站队应减少夜间、节假日或不利车辆安全行驶条件下用车，严格控制夜间、节假日或不利车辆安全行驶条件下派发车辆，严格控制派发长途。因工作需要夜间、不利车辆安全行驶气象条件、节假日派发车辆，应经站队值班领导批准，车辆调度、值班人员做好登记。雨雪天气、雾天及沙尘等复杂天气，原则上不发长途车。

2．车辆运行管理

（1）车辆应按"出车审批单"规定或指定的路线行驶，不准脱线行驶。员工长途通勤车辆临时改变行驶路线应经车辆调度同意，长期改变行驶路线应经单位领导审批；其他车辆改变行驶路线应经站队车辆调度人员同意。

（2）机动车辆必须达到基本状况良好，证照齐全有效才能出车。车辆调度人员和驾驶人员在车辆不具备安全行驶条件时，不准调派和驾驶车辆。

（3）带车人有责任监督驾驶员安全行驶，有权纠正驾驶员违法和违章违纪行为，遇有突发事件与驾驶员共同处置。

（4）车辆行驶、载运和停放，应遵守国家、地方道路交通安全法律法规，以及本公司交通安全管理程序。

（5）驾驶员应严格执行车辆三检制，即出车前、行驶途中、收车后的车辆检查，做到小故障不过夜，故障不排除次日不出车。

第五节　现场救护与逃生

无论多么周到详细的安全措施，或是多么安全可靠的防护工具，也不一定都能做到绝对的安全。如果现场出现突发情况，在专业医务人员到达之前，现场人员应尽可能地利用当时当地所有的人力、物力为伤病者提供救护帮助，这时救护人员就要懂得触电、中毒、异物窒息、灼伤、出血、骨折等常见突发情况的正确救护措施，正确施救可能挽回一个人的生命。

一、现场救护

（一）触电

触电造成的伤害主要表现为电击和局部的电灼伤。严重电击可造成假死现象，即触电者失去知觉、面色苍白、瞳孔放大、脉搏和呼吸停止。触电造成的假死一般都是随时发生的，但也有在触电几分钟、甚至1～2天后才突然出现假死的症状。

油气管道企业各专业在现场施工中，涉及的电气设施有发电机、电气仪表、照明灯具、及其他电气设备等，在电气设备设施的安装和运行过程中存在较大的触电风险。当现场发生触电事故时，急救动作要迅速，救护要得法。发现有人触电，切不可惊慌失措、束手无策，首先要尽快地使触电者切断电源，然后根据触电者的具体情况，进行相应的救治。

1．切断电源

人触电后，可能由于痉挛或失去知觉等原因而紧抓带电体，不能自行摆脱电源。这时，使触电者尽快脱离电源是救活触电者的首要因素。

1）低压触电

（1）触电地点有开关，立即断开。

（2）触电地点无开关或距开关较远时，使用带有绝缘柄的电工钳或干木柄挑开电线。

（3）电线落在人身上，可用干燥衣服、手套、绳、木板拉人或拉开电线。

（4）触电者衣服干燥，且没有紧缠在身上，救护人员可以用一只手抓住触电者的衣服角或衣物边（未与触电者身体直接接触的）将其拉脱电源。

2）高压触电

（1）立即通知有关部门停电。

（2）戴绝缘手套，穿绝缘鞋，用相应电压等级的绝缘工具拉开开关，并防止触电者脱离电源后可能的摔伤。

（3）抛掷裸线短路接地，迫使短路装置动作切断电源，注意勿抛到人身上。

2．触电急救

当触电者脱离电源后，应根据触电者和具体情况，迅速对症救护。现场应用的主要救护方法是人工呼吸法和胸外心脏挤压法，触电者需要救治的，大体按以下几种情况分别处理：

（1）精神清醒者。如果触电者伤势不重，神志清醒，但有心慌、四肢发麻、全身无力，或者触电者在触电过程中曾一度昏迷，但已清醒过来，应使触电者安静休息，不要走动，严密观察，并请医生前来诊治或及时送往医院。

（2）神志昏迷者，但还有心跳呼吸。应该将触电者仰卧，解开衣服，以利呼吸，周围的空气要流通，严密观察，并迅速请医生前来诊治或送医院检查治疗。

（3）呼吸停止、心搏存在者。应用人工呼吸法诱导呼吸。

（4）心搏停止、呼吸存在者。持续采用胸外心脏按压法进行救治，直至患者复苏或者确认死亡。在有设备的情况下，可予起搏处理。

（5）呼吸、心搏均停止者。同时进行人工呼吸和心脏按压，在现场抢救的同时，迅速请医务人员赶赴现场，进行其他有效的抢救措施。

（6）并发症处理。电灼伤创面，在现场要注意消毒包扎、减少污染。

（二）中毒

毒物是当人体摄入足够量后能损伤机体甚至致死的物质。毒物进入人体的途径有：吸入、皮肤吸收、消化道摄入和注射等。

1．消化道摄入化学物质的救护

1）摄入一般化学物质的救护

（1）检查 ABC（气道、呼吸、循环）状况，必要时进行心肺复苏。

（2）尽量明确何种毒物。

（3）如果受伤者清醒，而摄入的是腐蚀性物质，让其多喝冷水或牛奶。

（4）不要试图催吐。

（5）拨打急救电话，在伤病者身体条件允许的情况下，将伤病者送到最近的有条件的医院。

2）药物中毒的救护

伤病者的中毒反应因摄入何种药物、多大剂量以及服用方法而各异。

（1）检查伤病者的反应。

（2）检查 ABC（气道、呼吸、循环）状况，必要时进行心肺复苏，置受伤者于恢复体位。

（3）不要催吐，但要保留呕吐物样本。

（4）拨打急救电话，在伤病者身体条件允许的情况下，将伤病者送到最近的有条件的医院。

2．食物中毒的救护

食物中毒是由于摄入了含有不同种类致病细菌的食物而引起的中毒。救护方法是：

（1）饮水。立即引用大量的干净的水，对毒素进行稀释。

（2）催吐。用手指压迫咽喉，尽可能将胃里的食物排出。

（3）封存。将吃过的食物进行封存，避免更多人受害。

（4）呼救。马上向急救中心呼救，越早去医院越有利于抢救，如果超过一定时间，毒物就吸收到血液里，危险性更大。

3．天然气中毒

发现天然气泄漏时，要立即切断气源、加强通风；操作人员要穿防静电服，使用防爆工具；高浓度天然气环境中应佩戴空气呼吸器。若发现有中毒者，应迅速将其脱离中毒现场，吸氧或新鲜空气；对有意识障碍等中毒严重者应立即送往医院。

4．硫化氢中毒

对可能有硫化氢气体存在的区域，要加强通风排气。操作人员进入该区域，应穿戴防毒面具，身上缚以救护带并准备其他救生设备。

针对硫化氢中毒的患者，立即将其撤离现场，移至新鲜空气处，解开衣扣，保持其呼吸道的通畅，有条件的还应给予氧气吸入。有眼部损伤者，应尽快用清水反复冲洗，并给以抗生素眼膏或眼药水滴眼，或用醋酸可的松眼药水滴眼，每日数次，直至炎症好转。对呼吸停止者，应立即进行人工呼吸，对休克者应让其取平卧位，头稍低；对昏迷者应及时清除口腔内异物，解开衣扣，保持呼吸道通畅。

5．汽油中毒

汽油泄漏的场所，要加强通风排毒和个人防护；进入汽油泄漏的场所，必须佩戴防毒面具。

工作中发现有头晕、头痛、呕吐等汽油中毒症状时，应迅速移离现场，静卧在空气新鲜处，中毒者腰带、纽扣松开，保持呼吸道畅通，用肥皂及清水清洗皮肤、头发等。眼睛污染者可用2%碳酸氢钠溶液冲洗，硼酸眼药水滴眼。误服汽油者可灌入牛奶或植物油，然后催吐、洗胃、导泻。

6．一氧化碳中毒

进入一氧化碳高浓度作业区，先测定一氧化碳的浓度，并进行通风、排风。抢修设备故障时，应佩戴好防毒面具。发现中毒患者，将患者迅速移至空气新鲜、通风良好处，脱离中毒现场后须注意保暖。对呼吸困难者，应立即进行人工呼吸并迅速送医院进行进一步的检查和抢救。有条件者应对中度和重度中毒患者立即给吸入高浓度氧。

（三）异物窒息

人员在进食过程中突然极度呼吸困难、喘憋、表情痛苦、无法言语，继而出现面色发紫或苍白时，在场者应立刻判断其为气道误吸食物或异物发生窒息。

急性呼吸道异物堵塞在生活中并不少见，由于气道堵塞后患者无法进行呼吸，故可能致人因缺氧而意外死亡。海姆里克腹部冲击法是比较快速有效的急救方法，该法在全世界被广泛应用，拯救了无数患者。

海姆里克腹部冲击法原理是将人的肺部设想成一个气球，气管就是气球的气嘴，假如气嘴被异物阻塞，可以用手捏挤气球，气球受压球内空气上移，从而将阻塞气嘴儿的异物冲出。

具体方法是：急救者从背后环抱患者，双手一手握拳，两手紧锁，从腰部突然向其上腹部施压，迫使其上腹部下陷，造成膈肌突然上升，这样就会使患者的胸腔压力骤然增加，由于胸腔是密闭的，只有气管一个开口，故胸腔（气管和肺）内的气体就会在压力的作用下自然地涌向气管，可反复多次，每次冲击将产生 450～500mL 的气体，从而有可能将异物排出，此方法可反复实施，直至阻塞物吐出、恢复气道的通畅为止，如图 3-26 所示。

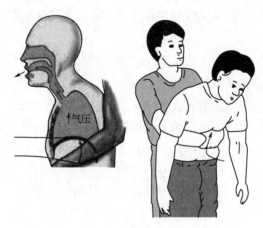

图 3-26　海姆里克腹部冲击法

如伤者呼吸道部分堵塞而气体交换良好时，救护员不要做任何处理，应尽量鼓励伤者通过咳嗽，自行清除异物。伤者无法自行咳出异物时，要采取海姆里克腹部冲击法反复进行动作，直至异物清除。

（四）灼伤

灼伤是由于热力、化学物质、电流及放射线作用引起的皮肤、黏膜及深部组织器官的损伤。灼伤分为低温灼伤和高温灼伤，低温灼伤虽然温度不高，但是持续时间长，创面疼痛感不明显，然而创面已深度严重损伤，常常由于未引起重视而造成较为严重后果，如电焊灼伤、手机充电时灼伤等。高温灼伤有其突发性，令人猝不及防。

1．轻微灼伤的救护

一般在生活中常见的烧伤或烫伤，如被热水烫伤等，可依照下列方法处理：

（1）用凉水冲洗烧伤或烫伤处至无疼痛感觉。

（2）处理烧伤或烫伤处，用敷料遮盖。

（3）避免不必要的接触，以免擦破烧伤或烫伤处。

2．电弧灼伤眼睛的救护

发生了电光性眼炎后，其简便的应急措施是用煮过而又冷却的鲜牛奶点眼，达到止痛的效果。方法是，开始几分钟点一次，而后随着症状的减轻，时间可适当地延长。也可用毛巾浸冷水敷眼，闭目休息。经过应急处理后，需注意减少光的刺激，并尽量减少眼球转动和摩擦，一般经过一二天即可痊愈。从事电焊工作的工人，禁止不戴防护眼镜进行电焊操作，以免引起不必要的事故。

3．电灼伤的救护

被电灼伤的伤病者，表面看并不严重，但其实电流通过其身体时，已产生一定程度的体内灼伤。通常伤病者身上会有两处创伤，一处在电流进入身体的入口处，另一处在电流离开身体的出口处，它是由于电流通过身体时，产生热所致；严重者更可导致呼吸、心搏骤停或心室纤维性颤动和骨折等。电灼伤的处理方法是：

（1）首先切断电源，如关闭电源或用绝缘物将伤病者与电流分开。

（2）若伤病者无脉搏，立即施行心肺复苏。

（3）检查伤病者有无其他损伤。

（4）用无菌敷料遮盖受伤部位。

（5）前往就近医院。

4．严重灼伤的救护

（1）防止继续灼伤。将热源与伤病者隔离，如衣物着火则灭火。

（2）保持呼吸。检查伤病者呼吸是否有障碍，如有应立即处理。

（3）检查其他伤势。检查伤病者有无其他严重的损害，如大量出血应先处理，并评估烧伤程度及面积。

（4）降温。用水冲洗伤处，以降低温度，冲洗期间应将贴身衣物及金属物品除去，如手表、戒指或皮带等，直至皮肤温度恢复正常；但不要给伤病者过度降温，如发现伤病者发抖，应立即停止。

（5）遮盖伤处。用无菌敷料、清洁的布单等覆盖伤处。

（6）尽快将伤病者送往就近医院。

5．高压电灼伤救护

高压电灼伤是由电极或高压线引起的意外伤害（电压可高达 400kV），其处理方法是：

（1）伤病者可能抛离电缆很远的地方，如发生这种情形，应根据伤势做适当救助。

（2）如伤病者仍与电缆接触或位置非常接近电缆，则切勿试图施救。

（3）切勿爬上设有电缆的塔架或柱上进行急救工作。

（4）任何人必须远离电缆。

（5）迅速把总电源关掉并立即通知相关部门。

高压电致伤的急救工作非常危险，切勿盲目施救，除非确知该电缆已经不通电、现场附近的电流已被完全切断或已接地、起重机或其他高大物体没有碰触高压线。

（五）化学品入眼

在化验室实验过程中存在化学品入眼的风险。化学品入眼的救护：

（1）千万不能用手揉眼睛。

（2）马上用大量的清水冲洗眼睛。如果化学品的腐蚀性强，冲洗后应该及时到医院处理。

（3）冲洗过程中应该不断地眨眼，有利于将眼睛中的化学品清除。

（4）前往医院检查时，提供化学品包装等，便于医生的诊断。

（六）严重外出血

发现严重外出血时，应首先拨打急救电话，同时立刻对伤病者进行处理，处理原则是控制出血，减少休克和感染。

作业现场常用的外出血止血方法有：指压止血法、包扎止血法、屈曲肢体加垫止血法、止血带止血法等。

指压止血法是最简捷的临时止血方法，用手指或手掌压迫出血部位动脉近心端，暂时控制出血，此方法是一种应急措施，止血效果有效但不能持久，故应在使用这种方法后最短时间内改用其他止血法。

包扎止血法是最常用的临时止血方法，有加压包扎和填塞止血法两种。加压包扎止血法适用于四肢的创伤出血，填塞止血法适用于腋窝、腹股沟及臀部的出血。

屈曲肢体加垫止血法主要用于前臂和小腿出血，骨折和脱位禁用。

止血带止血法适用于四肢动脉创伤引起的大出血或其他止血方法未奏效时。

包扎时应注意：

（1）救护员接触伤口前，必须先戴保护性手套保护自己。

（2）如果伤病者能配合，可以自行直接压迫伤口。

（3）置伤病者于适当卧姿，检查伤口。对伤口中可直视、松动并易取出的异物，可小心去除，可用纱布轻轻擦掉。

（4）立即用干净敷料压迫伤口，可用另一软棉垫覆盖其上。确保敷料及棉垫将伤口完全覆盖。然后用绷带加压包扎固定。

（5）将受伤部位抬高到心脏水平以上并辅以支托。如疑有肢体骨折，要小心搬动患肢。

（6）用合适的方法固定伤肢（如用三角巾悬吊上肢）。

（7）迅速将伤病者送到最近的有条件的医疗机构。

（七）中暑

中暑是指长时间暴露在高温环境中或在炎热环境中进行体力活动引起机体体温调节功能紊乱所致的一组临床症，以高热、皮肤干燥以及中枢神经系统症状为特征。核心体温达 41℃是预后严重不良的指征，体温超过 40℃的严重中暑病死率为 41.7%，若超过 42℃病死率为 81.3%。

为预防中暑，应做好防暑降温工作，采用各种措施隔绝热源，做好作业场所的自然通风或机械通风，降低生产环境气温；应避免作业人员长时间在高温下劳动；特殊高温作业者须穿戴隔热面罩和特殊隔热服装。

中暑现场救护：

（1）停止活动并在凉爽、通风的环境中休息。脱去多余的或者紧身的衣服。

（2）如果患者有反应但没有恶心呕吐，宜让患者喝水，也可服用人丹、十滴水、藿香正气水等药物。

（3）让患者躺下，抬高下肢15～30cm。

（4）将湿的凉毛巾放置于患者的头部和躯干部以降温，或将冰袋置于患者的腋下、颈侧和腹股沟处。

（5）若30min内患者情况没有明显改善，寻求医学救助。如果患者没有反应，开放气道，检查呼吸并给予适当处置。

（八）淹溺

淹溺是指人淹没于水或其他液体中，由于液体充塞呼吸道及肺泡或反射性引起喉痉挛，发生窒息和缺氧的现象。对于溺水者，除了积极自救外，同时需进行陆上抢救。

淹溺现场救护：

（1）若溺水者口鼻中有淤泥、杂草和呕吐物，首先应予以清除，保持上呼吸道的通畅。

（2）若溺水者已喝了大量的水，救护者可持半跪姿势，将溺水者腹部放在屈膝的大腿上，一手扶着溺水者的头，使溺水者嘴向下，另一手压在背部，使水排出。

（3）若溺水者已昏迷，呼吸很弱或停止呼吸，做完上述处理外，需进行人工呼吸。

（4）若溺水者呼吸和心跳均已停止，应立即对其做心肺复苏。

（5）脱去全部潮湿的衣服，换上干衣服或裹上毛毯，并在不低于22℃的环境中休息，使溺水者逐渐恢复体温。

（6）对于严重的患者应在抢救的同时及时送往医院。

二、现场逃生

无论是自然灾害还是人为事故，其共同特性是发生的时间地点不确定和危害程度的不可预知，因此应掌握一些逃生知识和技巧，采取积极有效的措施，尽量减少损失。

（一）火灾逃生

车辆携带的油料泄漏遇火；宿舍、建筑物厂房电路使用不合格电线或私拉乱接短路产生火花；办公区域用电设备线路老化；员工违反规定在禁火区内动火；恐怖分子的纵火等均可造成火灾事故的发生。

火灾造成人类死亡的主要原因是火焰烟雾中毒导致的窒息，烟雾含有大量的一氧化碳及塑料化纤燃烧产生的氯、苯等有害气体，火焰又可造成呼吸道灼伤及喉头水肿，导致浓烟中逃生者3～5min内中毒窒息身亡；另外，发生井喷失控着火后人员可能直接被大火吞没烧死。

发生火灾后逃生注意事项：

（1）发生初期火灾时，第一发现人应大声呼叫报警，并立即进行扑救，同时报告现场负责人。

（2）及时断开着火区电源，现场负责人立即组织人员迅速展开初期火灾的扑救工作，切断易燃物输送源或迅速隔离易燃物等。

（3）若火势现场无法控制，应立即拨打就近火警电话，并及时向应急办公室汇报，并说明着火介质、着火时间、着火地点、火势情况，指派专人在门口迎接消防车。

（4）迅速疏散着火区内无关人员到安全区，确定安全警戒区域，安排专人负责警戒。在专业消防队到达之前，参加救火的人员要服从现场第一责任人的统一指挥，在专业消防队到达之后，听从现场消防指挥员的统一指挥，员工配合消防队做好灭火及其他工作。

（5）现场有伤员时，及时救护并联系就近医院进行救治。

（二）有毒介质环境逃生

有毒介质主要有硫化氢、一氧化碳等，作业现场常见且风险大的有毒介质是硫化氢气体，它主要由石油中的有机硫热作用分解、含硫地层流体流入井筒返出地面产生。硫化氢比空气重，剧毒，臭鸡蛋气味，容易在地面富集。

现场应提前熟悉地质资料，了解是否含有硫化氢及其浓度，准备正压式空气呼吸器等防护设施，实时监测。出现一定浓度的硫化氢时，应首先选择点火无毒处理，其次应提前做好疏散撤离的准备。

当硫化氢浓度达到 $15mg/m^3$ 时，应做好监测，并启动应急程序，做好随时逃生的准备；当硫化氢浓度达到 $30mg/m^3$ 的安全临界浓度时，所有非应急人员撤离现场；当浓度接近或达到 $150mg/m^3$ 即危险临界浓度时，会对人体造成不可逆转的伤害，现场人员应立即关停现场所有生产设施，佩戴防护用具，全部撤离现场至安全区，等待救援。逃生时应迎风并尽可能远离泄漏点方向撤离，现场负责人对可能受害人员（或脱离危险区的中毒或受伤人员）要立即送往当地医院急救并及时向上级部门汇报。

（三）地震逃生

现场作业发生地震时，第一感知人应立即大声呼喊，并利用其他有效方法发出警示信号。就地选择开阔地逃生，不要随便返回房内，逃生应避开高大建筑物或构筑物，如井架、电线杆、立交桥等。山区要避开山脚、陡崖，以防山崩、滚石、泥石流等。撤离到安全地带后，现场负责人组织清点员工人数，及时向上级部门汇报情况。

（四）洪灾逃生

汛期或暴雨来临时，沿河居住、洪水多发区、泄洪区、河道内的人员，应及时收听、收看气象部门通过电视、广播、手机等媒体发布的气象预报，并根据预报采取相应的防御措施；应及时掌握当地政府发布的相关信息，做好个人的防灾准备；应利用通信工具，拨打气象声讯服务电话，及时了解当地可能出现的各种天气变化，做好应急逃生准备。

（1）平时应尽可能多地了解洪灾防御的基本知识，配备救生衣等防护物品，掌握逃生自救的本领。

（2）汛期多听多看天气预报，留意险情可能发生的前兆，随时做好安全转移的思想准备。

（3）要观察、熟悉周围环境，预先设定紧急情况下躲险避险的安全路线和地点。

（4）一旦发现情况危急，及时向主管人员和周围人员报警，有序撤离。

（5）被洪水围困时，应等待救援，切勿盲目逃生。如遭遇洪水围困于低洼处的岸边、干坎或木、土结构的住房时，有通信条件的，可利用通信工具向当地政府和防汛部门报告，寻求救援；无通信条件的，可制造烟火或来回挥动颜色鲜艳的衣物或集体同声呼救，不断向外界发出紧急求助信号，求得尽早解救；情况危急时，可寻找体积较大的漂浮物等，主动采取自救措施。

（五）沙漠逃生

进入沙漠施工前，施工人员应穿戴信号服，配备足量的食物和水，检查设备的完好程度，确保通信设施畅通，及时做好沙暴、大风等恶劣天气的防范措施。营区上空悬挂队旗和设置信号灯，帮助施工人员判定营区方位。带足应急设备、物资，装有电台能够联系到主营地。

出车前，检查车辆性能良好，装有 GPS，配备足够的饮用水、封装食品、食盐（因季节、人员而定）、火柴等生活用品；急救包、指南针、工区地形图、手电等用品；通信电台（民用民爆物品运输车除外）、信号服、信号帽、防寒（防沙）靴、墨镜，备用加厚衣服和厚毯等防护用品。

沙漠中突遇沙尘暴等特殊天气时，注意自我保护，切忌独自逃生。

（1）遇沙尘暴天气，施工人员做好防沙尘暴准备，佩戴相关防护设施，如防风镜、防尘口罩等。

（2）如需撤离，随同队伍撤到安全地点，并由现场负责人清点人数，及时向上级部门汇报，请求救援工作。

（3）灾情结束后，现场负责人立即组织人员彻底清理沙子，对于受沙尘损害严重的设备及时进行修复，恢复生产并上报灾情经过及损失情况。

（4）路途中突遇沙尘暴，人员将上衣扎进腰上的皮带里，采取顺风方向就地趴下，脸朝下；在面前挖一个小坑，方便呼吸，同时将领口提高，上衣盖在头上。取随身携带的饮水，浇在毛巾等物上盖在嘴上，防止沙尘进入呼吸道。

如果迷失在沙漠中，做好以下逃生工作：

（1）在沙漠遇险一定要避免恐慌，应保持冷静，清点自己所带物资，做好每日计划，以达到自救的效果。

（2）合理饮水，分多次小口饮用，最好是含在口中，保证口腔湿润，使水分在体内充分利用。

（3）沙漠中跟踪动物的足迹，常常可以找到水源；或是根据植物判断，如生长着芦苇的地方一般 1～5m 以下有地下水；芦苇生长茂密的地方，地下水只在 1m 左右；有芨芨草生长的地方地下水在地表下 2m 左右；生长着柽柳等灌木丛，通常地表下 6～7m 深处有地下水；有胡杨林生长的地方地下水距地表 5～10m。此外，牧民废弃的牛羊圈可能有水源，凡是有水井的地方，牧民会在附近堆石块作为标记。

（4）有湿沙或苦咸水的地方，为获取可饮用的淡水，可挖一个直径 1.5m、深 1m 的沙坑，上面覆一层透明洁净的塑料薄膜，四周用石块或沙子压牢，再在塑料薄膜中间放一块小石头，使之呈漏斗状。在这个漏斗状的薄膜尖端下面预先放一个接水的容器，阳光透过塑料膜使湿沙坑中的水汽蒸发，水汽遇到塑料膜结成水滴，顺漏斗状的塑料膜滴入容器中。据试验，这种简易的太阳蒸馏法，每天可产生淡水约 1.5L。冬季在沙漠中，可将苦咸水装在容器中冻冰，以使其淡化，结冰的即为可饮用的淡水。

（5）除了地表水以外，动植物的汁液、体液也是可以食用的水源。

（6）食物方面，考虑一些沙漠中的特产小型水果，植物的根部、多肉植物的茎等。

（7）沙漠中白天的地表温度通常在 40～50℃，最高可达 80℃。在沙漠中，阴影处的气温可比阳光直射处低 7～8℃。白天应尽量利用岩石凸出部、干河沿或汽车等阴影遮蔽，避免阳光直射。若能挖一沙坑，上覆以雨布等物，既遮挡了太阳的直射，又能减少炎热的地表沙传导的热量。躲避阳光时，宜采取坐姿。

（8）在沙漠中不能穿短袖衣裤。穿衣戴帽既可隔绝外界的热空气，还能防止热辐射。迷途遇险的人员最好穿白衬衣，白衣服可反射太阳辐射 50%，也便于救援者发现。头部除戴帽之外，还可用毛巾或布等包盖，避免头部暴晒。因沙漠地区气温变化急剧，沙漠行动要注意白天防晒，夜间防寒。

（9）在沙漠中白天炎热，夜间却是寒冷的，在夜间赶路可以避免在白天流失过多水分，消耗的体力和体内的水分都比白天少，因而可以考虑白天在阴凉地方休息，夜晚赶路。

（10）沙漠也会有毒蛇、毒蝎及有毒昆虫等，还可能遭遇暴洪，因此除了对毒虫野兽的防范，还要避免在河床上休息、行走，避免突然起来的暴洪。夜间点燃篝火，驱赶野兽。

（11）白天判断方向可以用一根标杆（直杆），使其与地面垂直，把一块石子放在标杆影子的顶点 A 处；约 10min 后，当标杆影子的顶点移动到 B 处时，再放一块石子。将 A、B 两点连成一条直线，这条直线的指向就是东西方向。与 AB 连线垂直的方向则是南北方向，若在北半球，则向太阳的一端是南方，反之则是北方。

（12）夜间天气晴朗的情况下，可以利用北极星判定方向。寻找北极星首先要找到大熊星座（即北斗星）。该星座由七颗星组成，开头就像一把勺子一样。当找到北斗星后，沿着勺边 A、B 两颗星的连线，向勺口方向延伸约为 A、B 两星间隔的 5 倍处一颗较明亮的星就是北极星。北极星指示的方向就是北方。还可以利用与北斗星相对的仙后星座寻找北极星。仙后星座由 5 颗与北斗星亮度差不多的星组成，形状像 W。在 W 字缺口中间的前方，约为整个缺口宽度的两倍处，即可找到北极星。

（13）沙漠地区景物单调，常常使人迷失方向。沙漠地区因风的作用，沙丘移动，道路不固定。寻找辨认道路可根据地面上的马、驴、驼的粪便来辨认，成规律者，一般是人畜走过的路线。如实在无路可走，可以沿着骆驼的足迹行进，在干渴的沙漠中，骆驼对水源有一种特殊的敏感，依此常能找到水源。在固定、半固定的沙丘上，道路少但比较顺直，变迁不大。只要保持了总的行进方向，便可一直走下去。在有流沙的地区，个别路段会被覆盖，出现左右绕行的道路，这种绕行距离一般不会很远，应及时回到原行进方向上，切勿沿岔路直下而入歧途。在沙漠地区，还应注意不要受海市蜃楼的迷惑。

（14）沙漠中如寻求救援，夜间可在高处燃点火堆。白天可燃烟，在火中放青草就会发出白烟，每隔十几秒钟放一次青草，正确的方法是每分钟 6 次，这是世界上通用的求救信号。还应在易被空中或地面发现的地方用石块或其他物品摆放求援的信号，同时用镜子或其他发亮的金属物作信号反光镜，向有飞机声音的方向闪动，即使听不到飞机的声音，也要每隔一段时间向地平线方向闪动一次，这种方法在沙漠中的联络距离可达 10km 以上。当被救援飞机发现之后，切不要离开原地，以待救援。

总之，沙尘暴来临时，最可靠的隐蔽场所是营房或者车辆（越大越重的车辆越安全），其他地方都比较危险，只能依靠个人的自救技能。

第六节　危险化学品

一、概念

危险化学品是指具有毒害、腐蚀、爆炸、燃烧、助燃等性质，对人体、设施、环境具有危害的剧毒化学品和其他化学品，包括爆炸品、压缩气体和液化气体、易燃液体、易燃固体、自燃物品和遇湿易燃物品、氧化剂和有机过氧化物、有毒品和腐蚀品等。危险化学品在生产、经营、储存、运输、使用和废弃物处置过程中，容易造成人身伤亡、财产损失和环境污染。

二、危险特性

（一）燃烧性

爆炸品、压缩气体和液化气体中的可燃性气体、易燃液体、易燃固体、自燃物品、遇湿易燃物品、有机过氧化物等，在条件具备时均可能发生燃烧。

（二）爆炸性

爆炸品、压缩气体和液化气体、易燃液体、易燃固体、自燃物品、遇湿易燃物品、氧化剂和有机过氧化物等危险化学品均可能由于其化学活性或易燃性引发爆炸事故。

（三）毒害性

危险化学品可通过一种或多种途径进入人体和动物体内，当其在人体累积到一定量时，便会扰乱或破坏肌体的正常生理功能，引起暂时性或持久性的病理改变，甚至危及生命。

（四）腐蚀性

强酸、强碱等物质能对人体组织、金属等物品造成损坏，接触人的皮肤、眼睛或肺部、食道时，会引起表皮组织坏死导致灼伤，内部器官被灼伤后可引起炎症，甚至造成死亡。

部分常见危险化学品的危险特性见表 3-7。

表 3-7　部分常见危险化学品的危险特性

物质名称	闪点，℃	燃点，℃	爆炸极限，%	危险特性
乙炔		305	2.5～80	极易燃
乙醇	13	443	4.7～19	易燃
苯	−11	562	1.2～8	致癌、易燃
硫化氢		260	4～46	有毒、极易燃
汽油	−58～10	280～456	1.4～7.6	高度易燃
甲烷		537	5～16	极易燃
一氧化碳		609	12.5～74	有毒、易燃
硫酸/硝酸				强腐蚀性
氢氧化钠				强腐蚀性

三、化学品安全技术说明书

化学品安全技术说明书，简称 MSDS（Material Safety Data Sheet），是一份关于化学品燃爆性、毒性和环境危害以及安全使用、泄漏应急处置、主要理化参数、法律法规等方面信息的综合性文件。

根据国家标准《化学品安全技术说明书　内容和项目顺序》（GB/T 16483—2008）要求，化学品安全技术说明书主要包括化学品及企业标识、危险性概述、成分/组成信息、急救措施、消防措施、泄漏应急处理、操作处置与储存、接触控制与个体防护、理化特性、稳定性和反应活性、毒理学资料、生态学信息、废弃处置等 16 项内容。

化学品安全技术说明书由化学品生产供应企业编印，在交付商品时提供给用户；化学品的用户在接收、使用化学品时，要认真阅读技术说明书，了解和掌握化学品危险性，并根据使用的情形制订安全操作规程，选用合适的防护器具，培训作业人员。

四、危险化学品安全标签

危险化学品安全标签是用文字、图形符号和编码的组合形式表示化学品所具有的危险性和安全注意事项，如图 3-27 所示。

化学品名称	A组分：40%；B组分：60%	

危 险　　　　

极易燃液体和蒸气，食入致死，对水生生物毒性非常大

【预防措施】

- 远离热源、火花、明火、热表面。使用不产生火花的工具作业。
- 保持容器密闭。
- 采取防止静电措施，容器和接收设备接地、连接。
- 使用防爆电器、通风、照明及其他设备。
- 戴防护手套、防护眼镜、防护面罩。
- 操作后彻底清洗身体接触部位。
- 作业场所不得进食、饮水或吸烟。
- 禁止排入环境。

【事故响应】

- 如皮肤(或头发)接触：立即脱掉所有被污染的衣服。用水冲洗皮肤，淋浴。
- 食入：催吐，立即就医。
- 收集泄漏物。
- 火灾时，使用干粉、泡沫、二氧化碳灭火。

【安全储存】

- 在阴凉、通风良好处储存。
- 上锁保管。

【废弃处置】

- 本品或其容器采用焚烧法处置。

请参阅化学品安全技术说明书

供应商：×××××××××××××××××××　　电话：××××××

地　址：×××××××××××××××××××　　邮编：××××××

化学事故应急咨询电话：××××××

图 3-27　危险化学品安全标签

危险化学品安全标签应粘贴、挂拴、喷印在危险化学品容器或包装的明显位置，粘贴、挂栓、喷印应牢固，以便在运输、储存期间不会脱落。

盛装危险化学品的容器包装，在经过处理并确认其危险性完全消除之后方可撕下标签，否则不能撕下相应的标签。

《化学品安全标签编写规定》（GB 15258—2009）规定了危险化学品安全标签的内容、格式和制作等事项，主要包括以下内容：

（1）化学品和其主要有害标识，包括名称、分子式、化学成分及组成、编号、标志等内容。

（2）警示词。根据化学品的危险程度和类别，分别用"危险""警告""注意"三个词进行危害程度的警示。当某种化学品具有两种及两种以上的危险性时，用危险性最大的警示。警示词一般位于化学品名称下方，要求醒目、清晰。

（3）危险性概述。简要概述化学品燃烧爆炸危险特性、健康危害和环境危害。说明要与安全技术说明书的内容相一致，居于警示词下方。

（4）安全措施。表述化学品在其处置、搬运、储存和使用作业中所必须注意的事项和发生意外时简单有效的救护措施等，要求内容简明扼要、重点突出。

（5）灭火。若化学品为易（可）燃或助燃物质，应提示有效的灭火剂和禁用的灭火剂以及灭火注意事项。

（6）批号。注明生产日期及生产班次。

（7）提示向生产销售企业索取安全技术说明书。

（8）生产企业的名称、地址、邮编、电话。

（9）应急咨询电话。填写化学品生产企业的应急咨询电话和国家化学事故应急咨询电话。

五、危险化学品的管理

（一）危险化学品储存

（1）危险化学品的库房、储罐区的建筑设计应符合《建筑设计防火规范》（GB 50016—2014）、《常用化学危险品贮存通则》（GB 15603—1995）等相关标准。

（2）仓库应符合安全和消防要求，通道、出入口和通向消防设施的道路应保持畅通，设置明显标志，并建立健全岗位责任制、岗位巡检、门卫值班等规章制度。

（3）危险化学品库房不得设办公室、休息室；不得与员工宿舍在同一座建筑物内，与员工宿舍应当保持安全距离。

（4）危险化学品储存场所的安全设备和消防设施，应定期聘请具有资质的单位进行检测、检验，过期、报废以及不合格的禁止使用。

（5）站队应建立危险化学品清单。严格执行危险化学品出入库制度，设专人负责，定期对库存危险化学品进行检查，严格核对进出库的种类、规格、数量做好记录。

（6）站队应为危险化学品保管人员配备符合要求的防护用品、器具。

（7）危险化学品应按其化学性质分类、分区存放，并有明显的标志，之间应留有足够的安全距离和安全通道。

（8）危险化学品的储存应严格执行危险化学品的装配规定，对不可配装的危险化学品应严格隔离。①剧毒物品不能与其他危险化学品同存于同一仓库；②氧化剂或具有氧化性的酸类物质不能与易燃物品同存于同一仓库；③盛装性质相抵触气体的气瓶不可同存在同一仓库；④危险化学品与普通物品同存一仓库时，应保持一定距离；⑤遇水燃烧、易燃、自燃及液化气体等危险化学品不可在低洼、潮湿仓库或露天场地堆放。

（9）剧毒化学品储存应设置危险等级和注意事项的标志牌，专库（柜）保管，实行双人、双锁、双账、双领用管理，并报当地公安部门和负责危险化学品安全监督管理机构备案。

（二）危险化学品使用

（1）严格控制作业现场各种危险化学品数量，原则上随用随领，不能一次用完的危险化学品，作业现场只许存放一个最小包装（单位）。

（2）使用部门和使用人员必须严格遵守安全操作规程，掌握正确使用方法和事故应急措施。在使用危险化学品时，要穿戴必要的防护用具用品，保证安全使用。危险化学品使用完毕后，应及时盖封，放回原处，不得随意乱放。

（3）盛放危险化学品的容器在使用前后进行检查，消除隐患，防止泄漏、爆炸、火灾、中毒、污染等事故发生。

（三）危险化学品处置

（1）应严格按照国家有关规定处置危险化学品废渣、废料和报废的包装材料。不准将废弃的危险化学品倾倒入下水井、地面和江河中。

（2）对失效过期、已经分解、理化性质改变的危险化学品和闲置不用的危险化学品，废弃时应委托具备国家规定资质的单位处置，双方要签订协议，明确各自的责任、志愿和时限，不能将危险化学品私自转移、变卖、倾倒。

（3）化学实验过程中出现的少量废弃溶液物，放入废液容器中，经过中和、稀释等恰当的处理后再倒入下水槽内或经集中收集处理，以减少污染。

（4）剧毒物品的包装箱、纸袋、瓶、桶等包装废弃物，应由专人负责管理，统一销毁。金属包装容器不经彻底清理干净，不得改作它用。包装容器的销毁，应在安全、环保、公安等有关部门监护下进行。

（5）凡拆除的容器、设备和管道内有危险化学品的，应先清理干净，并验收合格后方可报废。

（四）危险化学品培训与应急处置

（1）涉及危险化学品的运输、储存、使用的站队应对员工进行有关化学品性质危害和应急要求的安全培训；保管和使用人员还应接受相关劳保用品如何正确使用以及保存的培训。

（2）站队应制定危险化学品相关应急预案，配备应急处置救援人员和必要的应急救援器材、设备，并定期组织演练。

（3）发生危险化学品泄漏、火灾、爆炸等事故时，应立即启动应急预案。

（五）事故抢救原则

（1）统一指挥，防止中毒、窒息和烧伤，先救人，后救灾；

（2）火灾扑救时，要根据危险物品种类、性质及现场情况，正确选用灭火剂；

（3）液体、气体火灾，要尽快切断物料来源，然后集中力量一次灭火成功；

（4）要正确选用防护器具和用品，及时切断物料来源，清除现场残留物。

第七节　油气储运防火防爆知识

　　长输油气管道所输送的介质具有易燃易爆的特性，如果发生泄漏，遇明火则可能发生火灾、爆炸事故。一旦发生火灾，火势猛烈，火焰温度高、传播速度快，浓烟气浪大，辐射热量强，危害面广；爆炸时产生的冲击波、高热会破坏生产设备，造成人员伤亡。

一、火灾和爆炸的危险性

（一）原油火灾和爆炸的危险性

　　（1）易燃性。原油闪点较低，容易挥发，其蒸气与空气混合易形成爆炸性混合气体，遇明火或静电打火则会发生燃烧爆炸，具有较高的火灾危险性。

　　（2）易爆性。原油挥发出的蒸气与空气组成混合气体，当浓度处于一定范围内，遇点火源即发生爆炸。

　　（3）毒性。油气对人体具有一定的毒害作用，当空气中油气浓度为 0.28 %时，人在该环境中经过 12～14min 便会有头晕感；浓度达到 1.13%～2.2%，将会出现头痛、精神迟钝、裂口、皮炎或局部神经麻木等症状。

　　（4）热膨胀性。原油体积由温度改变引起的变化相对不大，但如着火现场附近的原油受到火焰辐射的高热时，其体积会有较大的增长（由于原油中低沸点组分会膨胀汽化），会因膨胀而顶爆容器或溢出容器，酿成更大事故。

　　（5）静电荷积聚性。原油在管道中流动与管壁摩擦，在装车、装罐或通过输油泵时，会产生静电，且不易消除。当静电放电时会产生电火花，当原油的蒸气浓度处在爆炸极限范围内时，可立即引起燃烧、爆炸。

　　（6）易沸溢性。含水原油着火燃烧时可能产生沸腾，向容器外喷溅。形成沸腾突溢的原因主要是原油内水分遇热汽化膨胀造成。

　　（7）易扩散、易流淌性。原油泄漏后易流淌扩散，随着流淌面积的扩大，油品蒸发速度加快，油蒸气与空气混合后，极易发生火灾、爆炸事故。

　　（8）易凝性。部分原油受其凝点的影响，在低温下易凝，可造成凝管，使管道无法启动输油。

（二）成品油火灾和爆炸的危险性

　　（1）易燃易爆性。成品油蒸气中存在一定量的烃分子，与空气组成混合气体达到爆炸极限时，遇到引火源即发生燃烧爆炸。汽油蒸气与空气混合气体的爆炸极限为 1.4%（LEL）～7.6%；柴油蒸气与空气混合气体的爆炸极限为 0.6%（LEL）～6.5%（注：LEL 指可燃气体爆炸下限）。

（2）易积聚静电性。在油品输送、装卸作业时产生大量的静电荷，并且油品静电的产生速度远远大于其流散速度，很容易引起静电荷的积聚。多起油罐火灾事故是由于静电放电导致的。

（3）易扩散和易渗透性。成品油主要由烷烃和环烷烃组成，很容易离开液体挥发到气体中去，1kg 的汽油大约能蒸发为 $0.4m^3$ 的汽油蒸气。柴油虽然蒸发得较慢，但比水蒸发快得多。而且成品油的渗透力极强，一旦发生油品泄漏进入土壤，会迅速下渗进入土壤扩散开，导致附近的地下水和土壤污染。

（4）受热膨胀性。汽油温度变化 1℃，其体积变化 0.12%。储存汽油的密闭容器如靠近高热或日光暴晒，受热膨胀容易造成容器胀裂。一般来说，油品装置应保持 5%～7%的气体空间，以备油品受热膨胀。

（三）天然气火灾和爆炸的危险性

（1）易燃易爆性。天然气的爆炸下限低，爆炸极限范围宽，其火灾危险性分类属于甲类，属易燃气体。天然气若泄漏到空气中，容易与空气形成爆炸性混合气体，遇火源或高热能，有发生爆炸的危险。

（2）易扩散性。天然气的密度比空气小，泄漏后不容易积聚在低洼处，扩散性强，当天然气泄漏量大，如遇无风天气，致使天然气大量聚集，极易形成爆炸蒸气云。

（3）窒息。天然气的主要成分为甲烷，虽然甲烷本身无毒，但含量过高能使人窒息，当空气中甲烷的含量达到 25%～30%时，会使人发生缺氧症状，可能引起头痛、头晕、乏力、注意力不集中等，甚至引发窒息、昏迷。

（4）压缩性。天然气具有极强的压缩性，管道输送的天然气一般采用压力输送，高压天然气可造成管道、容器的物理爆炸，从而导致其他次生事故。

二、物质燃烧特性

（一）气体的燃烧

气体燃烧有两种形式：一是扩散燃烧；二是动力燃烧。如果可燃气体与空气边混合边燃烧，这种燃烧就称为扩散燃烧（或称稳定燃烧）。如果可燃气体与空气在燃烧之前就已混合，遇到着火源立即爆炸，形成燃烧，这种燃烧就称为动力燃烧。

（二）液体的燃烧

液体是一种流动性物质，无固定形状。燃烧时，挥发性强，部分液体在常温下，表面上就漂浮着一定浓度的蒸气，遇到着火源即可燃烧。

（三）固体的燃烧

各种固体物质的熔点和受热分解的温度也不一样，有的低，有的高。固体物质燃烧的速度与其体积和颗粒的大小有关，小则快，大则慢。固体的燃烧方式分为蒸发燃烧、分解燃烧、表面燃烧和阴燃四种。

三、火灾的分类

根据可燃物的类型和燃烧特性将火灾定义为六个不同的类别。

A 类火灾：固体物质火灾。

B 类火灾：液体或可熔化的固体物质火灾。

C 类火灾：气体火灾。

D 类火灾：金属火灾。

E 类火灾：带电火灾。物体带电燃烧的火灾。

F 类火灾：烹饪器具内的烹饪物（如动植物油脂）火灾。

四、火灾的发展规律

各类火灾的发展大体上经历五个阶段，即初起阶段、发展阶段、猛烈阶段、下降阶段和熄灭阶段。

（一）初起阶段

火灾初起阶段是物质在起火后的十几分钟里，燃烧面积不大，烟气流动速度较缓慢，火焰辐射出的能量较低，周围物品受热温升不快，在这个阶段，用较少的人力和应急灭火器材就能将火势控制。

（二）发展阶段

火灾发展阶段是由于烟气加上火焰辐射热作用，使周围可燃物品和结构受热并开始分解，燃烧面积扩大，燃烧速度加快，在这个阶段需要投入较多的力量和灭火器材才能将火扑灭。

（三）猛烈阶段

火灾猛烈阶段由于燃烧面积扩大，大量的热释放出来，空间温度急剧上升，使周围可燃物品几乎全部卷入燃烧，火势达到猛烈的程度，大火突破建筑物外壳，并向周围扩大蔓延，是火灾最难扑救的阶段。

（四）下降阶段

火灾下降阶段可燃物减少或者由于燃烧空间封闭，有限空间内氧气逐渐被消耗，燃烧速度减慢，火势减小。

（五）熄灭阶段

火灾熄灭阶段是火场火势被控制住以后，由于灭火剂的作用或因燃烧材料已烧至殆尽，火势逐渐减弱直到熄灭。

从火势发展的过程来看，初起阶段易于控制和消灭，所以要抓住这个有利时机，扑灭初起火灾。

五、防火防爆方法

（一）基本方法

燃烧的必要条件（燃烧三要素）：可燃物、助燃物、点火源。以上三要素缺其一，燃烧即停止，因此，阻止燃烧需有效控制燃烧三要素。

（1）控制可燃物和助燃物。控制可燃物是使油气达不到燃爆所需要的数量和浓度，从而消除发生燃爆的物质基础。控制助燃物就是使油气介质不与空气、氧气或其他氧化剂接触，或将其隔离，致使因无助燃物而无法达到燃烧条件。

（2）消除一切足以导致起火爆炸的点火源。在油气站场内，可燃物和助燃物的存在是不可避免的，因此，消除或控制点火源就成为防火防爆的关键。故在易燃易爆场所，要严格控制火源，严格执行生产区内动火的安全措施，严格落实防爆电气设备的安装使用。

（3）采取各种阻隔手段，阻止火灾爆炸事故灾害的扩大，通过设置阻火装置和建造阻火设施来达到。阻火装置包括阻火器、回火防止器、防火阀等；阻火设施包括防火门、防火墙、水封井、防火堤、事故应急池等。

（二）初起火灾扑救方法

（1）冷却灭火法。将灭火剂直接喷洒在可燃物上，使可燃物的温度降低到自燃点以下，从而使燃烧停止。用水扑救火灾，其主要作用就是冷却灭火。

（2）隔离灭火法。将燃烧物与附近可燃物隔离或者疏散开，从而使燃烧停止。这种方法适用于扑救各种固体、液体、气体火灾。

（3）窒息灭火法。采取适当的措施，阻止空气进入燃烧区，或用惰性气体稀释空气中的氧气，使燃烧物质缺乏或断绝氧气而熄灭，适用于扑救封闭式的空间内火灾。

（4）抑制灭火法。将化学灭火剂（干粉、卤代烷等）喷入燃烧区参与燃烧反应，中止反应链而使燃烧停止。灭火时，将足够数量的灭火剂准确地喷射到燃烧区内，使灭火剂阻断燃烧反应，同时还要采取冷却降温措施，以防复燃。

（三）常用灭火器原理和使用方法

不同类型的灭火器适用的火灾种类不尽相同，具体见本章第三节表3-3灭火器适用的火灾种类。根据现场实际，生产现场常用的灭火器为干粉灭火器和二氧化碳灭火器。

1. 灭火原理

1）干粉灭火器

干粉灭火器以液态二氧化碳或氮气作动力，将灭火器内干粉灭火剂喷出，通过干粉的化学抑制作用灭火。常用的 ABC 干粉灭火器，不仅适用于扑救可燃液体、可燃气体和带电设备的火灾，还适用于扑救一般固体物质火灾，但都不能扑救轻金属火灾。

2）二氧化碳灭火器

二氧化碳灭火器是利用其内部充装的液态二氧化碳的蒸气压将二氧化碳喷出灭火的一种灭火器具，其利用降低燃烧区氧气含量，造成燃烧区窒息而灭火。此外，二氧化碳还有极低的汽化温度,可有效冷却可燃物。二氧化碳是一种无色的气体,灭火不留痕迹,并有一定的电绝缘性能特点,因此更适宜于扑救 600V 以下带电电器、贵重设备、图书档案、精密仪器仪表的初起火灾,以及一般可燃液体的火灾。

2. 使用方法

1)干粉灭火器

干粉灭火器使用时,灭火人员应站在上风处,先打开保险销,一手握住喷管,对准火源,另一手拉动拉环,对准火源根部喷射,直至火焰熄灭。

2)二氧化碳灭火器

二氧化碳灭火器有两种使用方式,即手轮式和鸭嘴式。手轮式二氧化碳灭火器使用时,灭火人员应站在上风处,拔出保险销,一手逆时针方向旋转手轮,另一手握住喷管,对准火源根部喷射,直至火焰熄灭。鸭嘴式二氧化碳灭火器使用时,灭火人员应站在上风处,拔出保险销,一手紧握压把,另一手握住喷管,对准火源根部喷射,直至火焰熄灭。

3. 灭火器检查内容

(1)检查灭火器的维修标签和检查记录标签是否齐全完整,检查灭火器的有效期和灭火器按"四定"(定人、定期、定点、定责)管理的执行情况。

(2)检查灭火器的铅封是否完好。

(3)检查灭火器可见零部件是否完整,装配是否合理,有无松动、变形、老化或损坏。

(4)检查灭火器防腐层是否完好,有明显锈蚀时,应及时维修并做耐压试验,试验不合格的必须报废。

(5)检查带表计的储压式灭火器时,检查压力表指针,如指针在红色区域表明灭火器已经失效,应及时送检并重新充装。

(6)二氧化碳灭火器应每半月进行一次称重,发现存在异常情况应及时维修或重新充装。

(7)检查灭火器的喷嘴是否畅通。

第八节　作业过程中的环境保护

一、基本概念

(1)环境:是指影响人类生存和发展的各种天然的和经过人工改造的自然因素的总体,包括大气、水、海洋、土地、矿藏、森林、草原、野生生物、自然遗迹、人文遗迹、自然保护区、风景名胜区、城市和乡村等。

(2)自然资源:是指自然界形成的可供人类利用的一切物质和能量的总称,如土壤、水、矿物、森林、野生生物、阳光、空气等,分为可再生资源和不可再生资源。

(3)污染源:是指造成环境污染的污染物发生源,通常指向环境排放有害物质或对环境产生有害影响的场所、设备、装置或人体。

（4）废弃物：是指在生产建设、日常生活和其他社会活动中产生的，在一定时间和空间范围内基本或者完全失去使用价值，无法回收和利用的排放物。

（5）环境保护：用经济、法律、行政的手段保护自然资源并使其得到合理的利用，防止自然环境受到污染和破坏；对受到污染和破坏的环境做好综合治理，以创造适合于人类生活、劳动的环境。

（6）清洁生产：对生产过程与产品采取整体预防的环境策略，减少或者消除它们对人类及环境的可能危害，同时充分满足人类需要，使社会经济效益最大化的一种生产模式。

二、生态保护

（1）合理利用自然资源，保护水资源，尽量减少水资源消耗，做到循环使用。

（2）合理利用能源，减少资源消耗。优化作业现场布局，作业按照"适用、整洁、安全、少占地"的原则合理布置，减少对植被的破坏和影响，作业后尽量恢复原有地貌和植被。

（3）保护野生动植物及其栖息地，禁止追杀、捕猎、惊扰野生动物。

（4）在风景名胜区、自然保护区作业，必须经风景名胜区、自然保护区管理部门同意，遵从环保部门的各项工作要求。

（5）办公中产生的废弃物应分类存放，如机械设备的蓄电池等，不应随意乱扔，应根据废弃物的类别委托相应废品物资回收部门或垃圾场处置。

（6）作业过程中产生的工业固体废弃物不得倒入水体或任意遗弃，应随时清理回收，做到工完、料净、场地清。

三、清洁生产

（1）不断改进设计。
（2）使用清洁的能源和原料。
（3）采用先进的工艺技术与设备。
（4）改善管理，从源头削减污染，提高资源利用效率。
（5）综合利用，减少或避免生产过程中的污染物产生和排放。

四、废弃物管理

（1）各类废弃物应分类收集，集中处理。不得擅自倾倒、堆放、丢弃或遗撒。

（2）禁止向江河、湖泊、运河、渠道、水库及其最高水位线以下的滩地和岸坡等法律、法规规定禁止倾倒、堆放废弃物的地点倾倒、堆放固体废弃物。

（3）危险废物的容器和包装物以及收集、储存、运输、处置危险废物的设施、场所，必须设置危险废物识别标志，采取无害化存储或送至有处理资质的单位处理，存储场所应能防水、防渗漏、防扬散，避免造成二次污染。

（4）禁止混合收集、储存性质不相容而未经安全性处置的危险废弃物。

（5）对收集、储存、运输、处置废弃物的设施、设备，应当进行定期性维护和保养，确保其正常运行和使用，严禁擅自停运各类废弃物处理设施。

（6）清罐时沉淀的含油泥沙宜用蒸汽或热水进行分离处理，清出的原油应进行回收；无特殊情况，均应采用机械回收装置进行清罐；从油罐、油罐车、管线、污水处理设施中清除的废油泥、油沙等废弃物，维抢修作业过程中（事故状态下）产生的油泥，应委托有资质的单位处理，不得随处掩埋，防止产生二次污染。

（7）天然气管道应通过排污系统进行正常排污，天然气残液应进行回收。

（8）处理废弃物时应避免污染地表水和地下水。

（9）废水、废气必须达标排放。

五、污染物泄漏控制

（1）应制定各类污染物泄漏控制措施，明确各类污染物不同泄漏方式的现场应急处置。

（2）发现泄漏应立即报告，及时采取应急处置，减小或控制事故态势。

（3）可能发生泄漏的部位、泄漏物可能通过的地面以及泄漏物的收集、储存、处理设施，都应采取防渗措施。

（4）作业现场必须做到清污分流，防止山洪、雨水、地下水等进入废物收集处理设施。各类废弃物应分类收集，集中处理，危险废物（有毒、有害）应交有资质的机构处置，防止发生泄漏、造成二次污染。

（5）对泄漏物处理设施应当进行定期性维护和保养，确保任何情况下能正常投运，严禁擅自停运泄漏物处理设施。

第四章

油气管道操作安全

第一节　主要危害因素与控制措施

长输管道在输送石油、天然气的过程中由于距离远，而且需要埋在地下，穿越城乡或者人员比较密集的场所，一旦长输管道出现事故，都会造成严重的经济损失和社会影响。因此正确辨识长输管道的危险有害因素，并实施有效的控制，是油气管道安全管理的核心和关键。

一、职业健康危害因素分布

根据油气管道站场主要设施及作业区域，依据第二章危害因素辨识与风险评价、防控程序分析，操作、作业过程中的主要职业健康危害因素有噪声、工频电场、甲烷、低碳烃类化合物、电焊烟尘等，详见表4-1至表4-3。

表4-1　原油输送站场主要职业健康危害因素及分布表

序号	主要设施/作业（来源部位或区域）		主要职业健康危害因素	
			化学性有害因素	物理因素
1	生产工艺区	储油罐（区）	甲烷、低碳烃类化合物、硫化氢	—
2		输油泵等机泵（房）		噪声
3		清管器收发球筒		
4		流量计量装置		
5		调压、泄压装置		
6		加热炉	低碳烃类化合物、一氧化碳、一氧化氮、二氧化氮、二氧化硫	
7		燃油锅炉		
8	辅助生产区	油化验	低碳烃类化合物	—
9		水化验	酸、苯	—

续表

序号	主要设施/作业 （来源部位或区域）		主要职业健康危害因素	
			化学性有害因素	物理因素
10	辅助生产区	变/配电设备	—	工频电场、噪声
11		备用柴油发电机	一氧化碳、一氧化氮、二氧化氮	噪声
12		给排水（污水、污油罐、泵）	低碳烃类化合物、硫化氢	噪声
13		消防泵（房）	—	噪声
14		维抢修队 （电焊、切割、打磨）	电焊烟尘、其他粉尘、锰及其无机化合物、臭氧、一氧化碳、一氧化氮、二氧化氮	噪声、紫外辐射

表4-2　成品油输送站场主要职业健康危害因素及分布表

序号	主要设施/作业 （来源部位或区域）		主要职业健康危害因素	
			化学性有害因素	物理因素
1	生产工艺区	储油罐	汽油、苯、甲苯、二甲苯、低碳烃类化合物	—
2		输油泵（房/区）		噪声
3		流量计量装置		
4		调压阀、泄压装置		
5		混油处理系统		
6		清管器发球筒		
7	辅助生产区	变/配电设备	—	工频电场、噪声
8		备用柴油发电机（房）	一氧化碳、一氧化氮、二氧化氮	噪声
9		给排水（污水、污油罐、泵）	汽油、苯、甲苯、二甲苯、低碳烃类化合物、硫化氢	噪声
10		消防泵（房）	—	噪声
11		维抢修队（电焊、切割、打磨）	电焊烟尘、其他粉尘、锰及其无机化合物、臭氧、一氧化碳、一氧化氮、二氧化氮	噪声、紫外辐射

表4-3　天然气输送站场主要职业健康危害因素及分布表

序号	主要设施/作业 （来源部位或区域）		主要职业健康危害因素	
			化学性有害因素	物理因素
1	生产工艺区	压缩机厂房	甲烷、低碳烃类化合物、一氧化碳、一氧化氮、二氧化氮、二氧化硫	噪声
2		过滤、分离设施	甲烷、低碳烃类化合物	
3		计量、调压设施		
4		清管器发送设施		
5		站控室（机柜）	—	噪声、微波辐射
6		排污罐	硫化氢	—
7	辅助生产区	变/配电设备	—	工频电场、噪声

序号	主要设施/作业 （来源部位或区域）		主要职业健康危害因素	
			化学性有害因素	物理因素
8		备用发电机（房）	柴油发电机：一氧化碳、一氧化氮、二氧化氮；燃气发电机：一氧化碳、一氧化氮、二氧化氮；二氧化硫	噪声
9	辅助生产区	给排水（罐、泵）	甲烷、低碳烃类化合物、硫化氢	噪声
10		消防泵（房）	—	噪声
11		维抢修队（电焊、切割、打磨）	电焊烟尘、其他粉尘、锰及其无机化合物、臭氧、一氧化碳、一氧化氮、二氧化氮	噪声、紫外辐射

二、安全危害因素分布

根据输油气站场设备、装置或场所的区域划分，依据第二章危害因素辨识与风险评价、防控程序分析，操作、作业过程中的主要安全危害因素有火灾爆炸、机械伤害、物体打击、起重伤害、触电等，详见表4-4和表4-5。

表4-4 输油站主要安全危害因素及分布表

设备、装置或场所		主要危险、有害因素	备注
输油站场	输油泵房	火灾爆炸、机械伤害、物体打击、起重伤害、触电	
	给油泵房		
	罐前泵房	火灾爆炸、机械伤害、物体打击、触电	
	泄压阀室	火灾爆炸、机械伤害、物体打击、起重伤害、触电	
	调节阀室	火灾爆炸、物体打击、起重伤害、触电	
	清管（阀组）间	火灾爆炸、机械伤害、物体打击、起重伤害、触电	
	过滤器区	火灾爆炸、机械伤害、物体打击、触电	
	工艺设备区		
	阀组区	火灾爆炸、物体打击、触电	
	ESD区		
	储罐区	火灾爆炸、高处坠落、物体打击、窒息	
	变电所	触电、雷击	
输油管道	阀室	火灾爆炸、物体打击、触电	
	管线	火灾爆炸、爆管、车辆伤害	

表4-5 输气站主要安全危害因素及分布表

设备、装置或场所		主要危险、有害因素	备注
工艺站场	清管系统	火灾爆炸、高压伤害、物体打击	
	过滤、分离系统	火灾爆炸、高压伤害	
	计量、调压系统	火灾爆炸、其他（冻伤）	

续表

设备、装置或场所		主要危险、有害因素	备注
工艺站场	高压阀组	火灾爆炸、高压伤害	
	天然气放空系统	火灾爆炸、灼烫	
	站内管道	火灾爆炸、高压伤害	
	柴油发电机组	火灾爆炸、灼烫	
长输管道	阀室	火灾爆炸、高压伤害、物体打击、触电	
	管线	火灾爆炸、爆管、车辆伤害	

三、环境危害因素分布

根据输油气站场设备、装置或场所的区域划分，依据第二章危害因素辨识与风险评价、防控程序分析，操作、作业过程中的主要环境危害因素有工业固体废物、工业废水、土壤污染、水体污染、大气污染、生活垃圾、生活污水等，详见表4-6。

表4-6 输油气站场主要环境危害因素及分布表

设备、装置或场所		主要危险、有害因素	备注
工艺站场	生产区	废液排放	
	发电	噪声、大气排放	
	汽车行驶	大气排放	
	汽车维修	废轮胎	
	日常办公	墨盒、硒鼓	
	污水处理	水体排放、向土地排放	
长输管道	管线	管沟开挖造成的生土外露、植被损坏、水体污染	
	阀室	废液排放、天然气放空	

四、控制措施分类

对辨识出的危害因素进行评价，确定风险大小，遵循"消除、替代、降低、隔离、程序、减少员工接触时间、个人防护"的"七原则"，实行工程控制及管理控制的分级控制，详见表4-7。

表4-7 危害因素控制措施分类表

优先顺序	措施类型	措施解释	备注
1	消除	工作任务必须做吗？用其他安全的新的技术手段取代危险的操作	工程控制/本安设计
2	替代	可用其他低危险的材料设备等替代风险较高的材料、设备	
3	降低	使用设施降低风险： (1) 局部废气通风； (2) 防护栏/罩；	

续表

优先顺序	措施类型	措施解释	备注
3	降低	（3）隔离； （4）照明； （5）密封	工程控制/本安设计
4	隔离	用距离/屏障/防护栏防止员工接触危险： （1）进入控制； （2）距离； （3）时间； （4）工程控制	
5	程序	用安全管理工具降低风险： （1）作业许可； （2）操作规程； （3）风险评价/工作前安全分析（JSA）； （4）工艺流程图； （5）现场检查表	管理控制
6	减少员工接触时间	限制接触风险的员工数量，控制接触时间： （1）在低活动阶段进行危险性作业，如晚上和周末； （2）合理设计工作场所； （3）岗位轮换； （4）实行倒班制度	
7	个人防护	使用合适的个人防护装备： （1）安全带； （2）呼吸保护设备； （3）化学防护服/手套； （4）护目镜； （5）面具	

针对设施、装置以及作业活动的特点，在油气站场管理控制实践中，主要通过入场教育和检查、HSE 作业规程、作业许可审批、现场审核检查、可燃和有毒有害气体检测、安全目视化、应急逃生、个人防护等措施方式进行风险防控，并形成了风险防控实践总结，如表 4-8 所示。

表 4-8 风险防控实践总结目录

设备、装置、场所或活动		实践总结要点	备注
工艺站场	工艺操作作业	工艺操作安全注意事项	第四章第二节进站安全控制，第四章第三节站场安全控制
	设备操作作业	设备操作安全注意事项	
	电气操作作业	电气操作安全注意事项	
	储罐运行/维护作业	储罐运行安全注意事项	
	压缩机运行/维护作业	压缩机运行安全注意事项	
管道线路	腐蚀控制作业	阴极保护维护安全注意事项	第四章第四节线路安全控制
	巡护维护作业	线路巡护安全注意事项	
	施工监护作业	施工监护安全注意事项	
维抢修作业	工器具操作	维抢修作业安全注意事项	第四章第五节维抢修作业安全控制，第五章危险作业管理
	通用施工作业		

设备、装置、场所或活动		实践总结要点	备注
维抢修作业	管钳/封堵作业	维抢修作业安全注意事项	第四章第五节维抢修作业安全控制，第五章危险作业管理
	电焊/气焊作业		
	非常规作业/危险作业	作业许可管理	

第二节　进站安全控制

外来人员是指进站检查指导人员、参观学习人员、实习人员和外来施工人员等。各输油气站负责组织实施进站人员的安全教育，为进站人员配备必要的劳动防护用品，检查进站人员劳动防护用品的正确佩戴情况，对进站人员各项活动进行引导、监督和检查。

一、进站安全须知

（1）外来人员入场前，要在门卫进行相关的来客登记，经允许后方可进入站场；

（2）进入生产区穿戴劳动防护用品，佩戴有效证件；

（3）外来人员必须遵守站内有关规定，未经允许不得动用站内设备、设施；

（4）未经允许，外来车辆不准进入生产区，经批准进入生产区的车辆必须戴防火帽，并按指定路线行驶和停放；

（5）严禁携带火种及易燃易爆物品进入生产区；

（6）未经允许，生产区严禁使用照相、摄像设备和手机等电子产品；

（7）在站区如遇紧急情况，请按逃生路线疏散。

二、进站安全教育

外来人员进站之前应接受输油气站主管人员进行的安全教育，并进行安全销项确认、登记后方可入站。

安全教育内容［检查和参观人员可以只进行（1）（3）和（4）项内容］：

（1）本站概况及主要危险源；

（2）本站安全要求和相关安全管理规章制度；

（3）进站安全须知；

（4）本站应急逃生路线；

（5）典型事故案例；

（6）其他需要说明的内容。

外来人员接受安全教育后，由受教育人（或指定代表）进行安全教育销项确认。

三、进站劳动防护着装

（1）进站前应向检查人员或参观人员配发防静电工作服、安全帽、护目镜等必要的合格劳动防护用品，并确保正确穿戴。

（2）外来施工人员的劳动防护用品可自行配置，但应符合规定要求。

四、进站安全检查

所有进站人员进站前必须经输油气站安全管理人员进行进站安全检查合格后方可允许进站。进站安全检查内容主要包括：

（1）劳动防护着装必须符合规定要求，穿带有铁钉、铁掌的鞋禁止进入生产区；

（2）随身携带的打火机、火柴等火种，进站前必须交由指定人员保存；

（3）携带的易燃、易爆及其他危险品，进站前必须交由指定人员保存，并进行妥善处置；

（4）随身携带的手机在进入生产区域前必须关机。

五、照相摄像要求

（1）对进入输油气站场的照相、摄像活动实行审批制度，未经批准任何人不得在生产区内照相、摄像。

（2）进入储油罐防火堤内，严禁使用非防爆照相、摄像器材。

（3）进入生产区的照相、摄像活动应指定专人全程陪同，陪同人员应携带便携式可燃气体检测仪，当场所内的可燃气体浓度达到爆炸下限的10%或以上时，应立即停止照相、摄像，并撤离生产区。

（4）对于同时进入生产区的照相、摄像人员数量应满足以下要求：

① 省（部）级或以上领导参观、检查时，照相、摄像人员不应多于3人。

② 局级领导参观、检查时，照相、摄像人员不应多于2人。

③ 处级及以下领导参观、检查时，照相、摄像人员不应多于1人。

④ 因工程施工、设备检修、事故调查等生产需要，在生产现场采集影像资料时，照相、摄像人员不应多于2人。

六、站内安全管理

（1）停放在火灾爆炸危险区域的车辆，应当熄火，并且不得在有可燃气体的情况下重新启动。配备催化式排气净化器的车辆，不能停放在地面有易燃物质的场所。

（2）外来人员应遵守进站安全教育内容中规定的所有事项，若有违反，应按照相关规章制度进行违章处理。

（3）检查和参观人员进站检查、参观活动必须由站内人员陪同，超过5人时陪同人员不得少于2人，需要分散进行参观或检查指导时要分设陪同人员，防止外来人员离队或进行危险活动。在站期间未经允许不得私自活动及进入危险区域及限制区域，不得私自触摸、操作现场设备。

（4）外来施工人员必须在规定的作业范围内活动。

（5）在发生紧急情况时，外来人员应听从现场指挥，按规定的逃生路线紧急疏散、迅速撤离危险场所。

第三节　站场安全控制

一、工艺操作安全

（一）原油、成品油（液体）管道工艺操作安全

（1）原油、成品油管道工艺系统控制及运行操作应执行相应的运行规程。

（2）输油工艺流程的切换，设备的启、停，应服从调度统一指挥。认真执行调度令，填写操作票。

（3）切换流程应按流程切换作业指导书进行。流程操作原则上应确认新流程已导通后，再关原流程。具有高、低压力衔接部位的流程，操作时应先导通低压部位，后导通高压部位。反之，先切断高压部位，后切断低压部位。流程操作开关阀门时，应缓开缓关。

（4）切换流程时，如涉及进加热炉油量减少或停流时，应在加热炉降负荷或停炉后切换。

（5）加热输送由正输倒全越站流程时，先停炉后停泵。由全越站倒正输流程流程时，先启泵后启炉。

（6）对较长时间不投入运行的加热原油管线，应采取措施定期活动管线防止凝管和热膨胀憋压。

（7）压力调节阀、高压泄压阀、低压泄压阀、安全阀、水击保护系统应可靠好用。

（二）天然气管道工艺操作安全

（1）输气管道的各项操作运行参数应控制在规定的范围内，防止出现管道超压运行。

（2）输气工艺流程的操作与切换，实行集中调度、统一指挥。流程切换实行操作票。切换完成后应及时检查设备状况及运行参数。

（3）流程操作时，开关阀门应缓开缓关。对两端压差较大的球阀、闸阀，应平衡前后两端压力，再开主阀。

（4）操作具有高低压衔接部位的流程时，应先导通低压部位，后导通高压部位；反之，先切断高压，后切断低压。

（5）两路调压装置互为备用，主路调压装置运行时，副路调压装置的进口阀应处于全开状态，以便于主路调压装置出现故障时能自动切换。

（6）首、末站及分输站进行流程切换前，应与供用气单位做好协调工作。

（7）值班人员应按规定的时间间隔要求沿进出气工艺流程和功能区进行检查。

二、设备操作安全

（1）工艺设备应按同一类别、同一功能进行编号，不同类别以不同符号、颜色加以区

别。管道表面应有气体流向标志。

（2）设备铭牌和经常操作的传动件应保持本色、完好，不能涂添遮盖物，保持醒目清晰。

（3）设备启、停要严格执行调度令和操作票制度，并有人监护。

（4）炉、泵、压缩机组等关键输油气设备的操作和运行要严格按照作业指导书的内容进行操作，不得超温、超压、超速、超负荷运行，重要设备应有安全保护装置。

（5）特种设备应在所在地办理注册登记并定期检验。

（6）值班人员要按照作业指导书规定的巡检路线和内容，定时巡检，发现问题及时处理并立即报告调度。

（7）定时记录设备的运转状况，定期分析主要设备的运行状态，填写设备档案。定期对设备保养，储备足够的设备备件，对易损部件及时更换。

（8）截断阀、球阀、放空阀、排污阀、快开盲板等应定期检查，保持开关灵活；压力调节器、安全截断阀和安全阀应按周期调试，保证随时处于可靠状态。

（9）球阀只作全开或全闭操作，不得作节流使用。

（10）清管器收发球筒不宜长期带压。

（11）储罐、分离器、过滤器、阀门等设备在冬季运行前应采取防冻措施。

（12）金属设备、框架、管道、电缆金属保护层（铠装、钢管、槽板等）和放空管等，均应连接到防雷防静电接地装置上，并定期进行检查和检测。

（13）装置内露天布置的塔、容器等，当顶板厚度等于或大于 4mm 时，可不设避雷针保护，但应设防雷接地。少于五根螺栓连接的法兰盘，其连接处应设金属线跨接。

（14）加热设备发生熄火，必须立即关燃料油气阀门，查出原因，排查故障。

（15）对已停用的设备及未投运的系统进行锁定。

三、电气设备操作安全

（一）安全用具使用注意事项

1．绝缘棒

（1）操作前，绝缘棒表面应用清洁的干布擦拭干净，使棒表面干燥、清洁。

（2）操作时应戴绝缘手套，穿绝缘靴或站在绝缘垫（台）上。

（3）操作者的手握部分不得越过手握区。

（4）绝缘棒的规格型号必须符合规定，不可任意取用。

（5）在雨、雪或潮湿天气，室外使用绝缘棒时，绝缘棒上应装有防雨的伞形罩，使绝缘棒的伞下部分保持干燥，无伞形罩的绝缘棒，不宜在上述天气中使用。

（6）使用绝缘棒时注意防止碰创，以免损坏表面的绝缘层。绝缘棒应放在干燥的地方和特制的架子上，不得与墙或地面接触，以免损伤绝缘表面。

（7）绝缘棒应按照规定进行定期绝缘试验。

2．高压验电器

（1）进行高压验电时，在户内必须戴符合耐压要求的绝缘手套，在户外还应穿绝缘靴；不可一人单独验电，身旁要有人监护。

（2）验电前应根据额定电压选用合适的高压验电器。首先，按一下自检按钮，验电器应发出连续的间隙式声光信号，若没有信号则不得进行验电操作。

（3）操作人员必须手握手柄并使操作杆全部拉出定位后方可使用。

（4）在非全部停电的场合进行验电，应先将验电器在有电部位上测验，以确保安全。在全部停电场合进行验电操作，应在停电前或其他有电场所进行预验，证明验电器完好才可使用。

（5）验电时，应该渐渐移近被测物体，在移近的过程中若有发光或发声指示，则应立即停止验电，注意不得直接接触带电部位。

（6）户外使用时应在天气良好的条件下进行；不宜在雪、雨、雾及湿度较大的天气中，用高压验电器进行验电。

3．绝缘夹钳

（1）操作前，绝缘夹钳表面应用清洁的干布擦拭干净，使夹钳表面干燥、清洁。

（2）操作时应戴绝缘手套，穿绝缘靴及戴上防护眼镜，必须在切断负载的情况下进行操作。

（3）在潮湿天气中，只能使用专门的防雨夹钳。

（4）绝缘夹钳必须按规定进行定期试验。

4．绝缘手套和绝缘靴（鞋）

（1）使用前，应仔细检查，不能有破损和漏气现象。

（2）它们作为辅助绝缘安全用具时，不能直接与电气设备的带电部位接触，只能与基本绝缘安全用具配合使用。

5．绝缘垫

绝缘垫使用时应保持清洁，经常检查有无破洞、裂纹或损坏现象。

6．携带式接地线

携带式接地线要有统一编号，固定位置存放，存放位置统一编号，即"对号入座"；接地线的连接应用专用的线夹，禁止缠绕。

7．安全腰带

安全腰带使用前要检查接头和挂钩完好。

（二）电气安全操作注意事项

（1）电工作业值班人员不应少于2人。从事电气工作人员应持有相应等级资格证。巡检和作业时应戴电业用安全帽。

（2）电气设备停电进行检修时，应进行验电、放电、装设临时遮拦、装设接地线、悬挂警示牌。执行锁定管理。任何人不得擅自变更安全措施。设备检修应停电进行，两侧的电源应完全断开，锁定。

（3）变电所的电气设备、接地、遮拦应完好，有醒目的警示标示牌，安全用具（绝缘手套、绝缘靴、绝缘杆、验电器等）应定期校验，齐全完好。变配电室应有可靠的应急照明，通风良好，有防止小动物进入的措施。

（4）电气设备应按规定悬挂统一标识牌，电气设备均应有明显相位标志，开关的"开""合"应有明显、清晰的标识。

（5）电气设备的外壳应有良好的接地设施，接地电阻不大于 4Ω。

（6）电气设备停电后，在未打开有关刀闸和做好安全措施以前，严禁触及设备或进入遮拦，以防突然来电。

（7）电力线路停电检修时，应将检修线路两侧电源断开，经验明确无电压后，在来电的线路两端装设接地线，停电线路严格执行锁定管理，并悬挂"禁止合闸""线路有人工作"的警示牌才能作业。

（8）高压设备不论带电与否，任何人员严禁单独移开或越过遮栏进行工作。巡检中与设备带电导体保持安全距离，35kV 电压安全距离等级为 1m，10kV 以下电压安全距离等级为 0.7m。

（9）下雨天巡查室外高压设备时，应穿绝缘靴，不得靠近避雷设施。

（10）高压设备发生接地时，室内不得接近故障点 4m 以内，室外不得接近故障点 8m 以内。进入上述范围人员应穿绝缘靴，触及设备外壳和构架时，应戴绝缘手套。

（11）倒闸操作应根据电业部门和输油气调度令，认真填写倒闸操作票，经值班长审核后方准执行。倒闸操作应由 2 人进行。由值班员操作，值班长监护。操作前要在主接线模拟板上进行演练，模拟板设备运行状况与实际相符。合刀闸或经传动机构拉、合刀闸和开关，均应戴绝缘手套。

（12）雨天操作室外高压设备时，应穿绝缘靴，绝缘棒应有防雨罩。雷电天气禁止进行倒闸操作。

（13）在户外开关场和高压室内搬动梯子等长物时，应由 2 人放倒搬运，并与带电设备保持足够的安全距离。

（14）遇有电气设备着火时，应立即切断有关设备的电源开关，然后进行灭火。电气设备灭火应使用干式灭火器（干粉灭火器或二氧化碳灭火器）。

（15）当发现人体触电时，应立即使其脱离电源，按触电急救法进行急救。

（三）组织措施

在电气设备上工作，保证安全的组织措施为：工作票制度；工作许可制度；工作监护制度；工作间断、转移和终结制度。

（四）技术措施

在全部停电或部分停电的电气设备上工作，必须完成的保证安全的技术措施有：停电；验电；接地；悬挂标示牌和装设遮栏（围栏）。

四、上罐应遵守的规定

（1）禁止穿钉鞋和非防静电服上罐。

（2）一次上罐人数不应超过 5 人。

（3）雷雨或遇有 5 级以上大风时，禁止上罐。

（4）上罐盘梯入口前应设置可靠有效的专用静电消除装置，上罐人员上罐前应先消除静电后再上罐，上罐时应手扶扶梯。

（5）手工检尺和取样时，操作人员应站在上风方向，轻开轻关量油孔盖子，应使用柔软的不会产生火花的金属线绳，不应使用化纤布（丝）擦拭检尺、测温盒和采样器。

（6）雨雪天后应及时上罐检查，确认外浮顶油罐浮盘无积水、积雪和油污等杂物，二次密封油气阻隔膜无存水，中央集水坑金属网罩无堵塞等。

（7）上罐检查应使用防爆工具，夜间上罐应使用防爆手电筒。

（8）油罐维检修作业的安全措施应按照相关作业许可要求进行，作业人员应按规定穿戴劳动防护、呼吸用具，对储罐内的有毒有害、可燃气体浓度以及氧气气体浓度分析合格后，在有专人监护的条件下，方可进入油罐进行作业。

五、油罐运行日常检查

（1）站控、消防每班值班人员应检查站控系统（包括油罐的高位、高高位、低位、低低位报警等）、工业电视监控系统、感温和可燃气体检测报警装置处于完好状态。

（2）站控、消防值班人员应每 2h 利用电视监控系统对储油罐区和罐顶进行一次全面检查并记录。

（3）每 8h 对储油罐（罐顶除外）及阀门管网巡检至少一次，对有收发油品作业的储油罐进行上罐检查至少一次。

（4）人孔每月检查一次，量油孔、取样孔每次使用前应进行检查，使用完后擦拭干净并盖好孔盖。

（5）呼吸阀、液压安全阀、阻火器应每月检查一次，冬季每周检查一次；呼吸阀灵活好用，无卡阻现象；液压安全阀油位符合要求，油质合格，无冷凝水；阻火器防火网完好，无浮尘杂物阻挡。

（6）雷雨季节应每月检测一次外浮顶油罐二次密封处的油气浓度。检测应在油罐停止进油操作 2h 后进行，检测油气浓度异常时，应进一步检查一、二次密封状况，一次密封应无起皱、裂纹、鼓包及老化等失效现象；二次密封应齐全完好，橡胶刮板应与罐壁贴合紧密，无翘曲、损坏和变形。

六、油罐运行操作安全

（1）浮顶罐投运进油时，在浮船升起之前，浮船上不应有人，并应控制进油速度，在油罐进出油管未浸没前，进油管流速应控制在 1m/s 以下，浸没后流速应控制在 3m/s 以下，防止静电积聚。油罐在进出油的过程中，应密切观测液位的变化，液位的升降速度不超过

0.6m/h。浮船上升过程中，注意观察浮船的运行状态，防止发生浮船卡阻。

（2）雷雨天气时，应尽量避免外浮顶油罐大量进出油操作。

（3）油罐液位应控制在上、下限安全罐位范围内，不应超限运行。

（4）储油罐防雷接地引下线不应少于2根，应沿罐周均匀或对称布置，接地点之间距离不应大于30m。油罐与接地体用扁钢搭接，油罐防雷接地引下线上应设有断接卡，接地断接卡不得埋入水泥中或地下，断接卡应用2个M12mm的不锈钢螺栓连接并加防松垫片固定。断接卡与接地线不应水平放置在地面上，断接卡距离罐底板高度为0.1～0.5m之间。

（5）储油罐接地电阻应小于4Ω，电阻值春秋季各检测一次。雷雨季节接地电阻的测量可适当增加次数。

（6）设有强制阴极保护的储油罐，应保持阴极保护电源设备安装场所的干燥、清洁，按操作规程进行操作检查和维护保养及检修，每月检测记录保护电位值，测试电位在-1.2～-0.85V范围内为正常，测试值超出以上范围时，应分别检查恒电位仪、阳极接地电阻、阴极导线和阳极导线的状况以及连接情况，排除故障。

七、压缩机组运行操作安全

（1）压缩机组超压保护系统、压缩机房的监视系统应处于准确、灵敏状态。备用压缩机、辅助系统等处于完好、可靠状态。

（2）压缩机组应有完好的启动及事故停车安全联锁。

（3）在启动前应对其机组及相关系统进行全面检查，如有隐患应在开机前排除。

（4）压缩机组机体上各个部件、盖板、支架的紧固螺栓齐全、连接紧固，旋转部位保护罩完好。

（5）人工操作机组不应少于2人，机组运行时不应触摸机组高温部件。

（6）运行人员应随时监视机组运行情况变化，对机组转速、振动、温度、压力等参数进行监测，对于离心式压缩机组应注意运行工况点的变化趋势，防止机组发生喘振。

（7）事故紧急停机时，压缩机进、出口阀应自动关闭，防喘振阀应开启，压缩机及其配管应泄压。

（8）当设备停运时，应切断启动气源和燃料气源，并设禁止启动标志牌。

八、压缩机组维检修安全

压缩机组每累计运行4000h、8000h、24000h、40000h或5年各应进行一次维检修，必须按照保养方案进行，结果应记入压缩机组维护保养记录表中，并应存入设备档案。在压缩机组维检修过程中需要注意以下安全要点。

（一）作业前

（1）在进行压缩机维检修作业前开展工作前安全分析，对维检修作业过程中的HSE风险进行辨识、评价和制定相应的防控措施；对涉及管线打开、动火、高处作业、临时用电、吊装、进入受限空间、脚手架等危险作业，需办理作业票并由专人进行现场监护。

（2）维检修人员必须经过安全操作技术培训，经考核合格后持证上岗。在工作中，必须明确分工各负其责，必须遵守现场规定，进入任何设备工作区域之前，必须获得许可。

（3）在进入作业区域时，应按规定穿戴劳动防护工作服、鞋、帽，必要时应戴护目镜、手套、面罩和防噪声的耳罩或耳塞。如果需要采用溶剂清洗机组零件，则应戴上口罩、护目镜和手套，并遵守防火规定。

（4）不应携带火种和非防爆通信、摄像器材进入作业区域内。在作业区域内应做好防火、防爆、防滑的措施。高空作业时，应设置防护栏，防止高空坠落。高压带电作业时，应站在绝缘垫上，穿戴防护用品。排污操作时，在排污区域内不应动火。

（5）作业区域内使用的设备、仪器、工具、零配件应符合安全规定，摆放整齐有序。使用完毕应由专人负责清点，不得遗失。

（6）检查机组所有安全保护有无报警，安全设施是否齐全、可靠，再将电气、天然气、润滑油、消防等系统隔离，确保有必要的预防措施保护工作人员和财产设备的安全。在以上危险区域作业时，应设有明显的安全标志。

（7）在机房如果检测出有可燃气体或有害气体存在，应立即通风，检测合格后才能开始检修。在检修过程中应连续对作业区域进行可燃气体监测。

（8）作业区域应避免天然气、润滑油雾或蒸发溶剂的积聚，应保证在此类物质易于积聚的地方有良好的通风。当此类物质泄漏后应采取必要措施及时清除。

（二）作业中

（1）在维检修拆卸零件时，应按照相关规定泄放天然气，并应保证泄放区域有良好的通风。

（2）应使用可靠的搬运设备和工具（包括吊具、索具、起重机械和行车等），不应违章指挥、违规操作。拆卸或装配部件时应按技术规定执行，不应猛敲猛砸机件，紧固螺栓时不应超过规定扭矩，拆卸和清洗探头等精密元件时，应精细操作，防止损坏。

（3）对润滑油系统任何零件进行维检修之前应先正常停运机组，确认机组系统降至常温常压后，隔离机组电气系统。

（4）维检修时，操作人员不得踩踏润滑油、天然气、仪表风等系统管路或对其施加过度负载。在拆卸和检修任何有压力的系统部件之前，应先切断气源并放空，将"正在作业，禁止误动"的标志牌挂在管线阀门上。

（5）用内窥镜检查设备内部时，设备应先冷却到常温，被检查部位如果残存有易燃易爆气体，应先排除气体，使其浓度低于安全标准。

（6）清洗设备时，应使用规定的清洗液，清洗时环境温度和设备进气道的空气要求应符合设备的相关技术规定。

（7）对机组的电气部分进行维检修时，应切断电源，设备必须可靠接地，在对应电源开关上挂"禁止合闸"警示牌，做好安全防范措施，以确保可靠操作、防止意外伤害；如确需带电操作，应将"正在作业，禁止误动"标志牌置于电源开关旁，通电状态的功能测试应由经授权的合格人员进行。各类安全标记、警示牌应齐全、醒目，作业期间，电源开关处设专人监护。

（8）对电气控制系统进行维检修时，应做好静电防护措施，谨防静电放电。

（9）作业区域内必须保持清洁。清洗过的零件应置于清洁的塑料袋内，所有打开的管路和零部件应采取防尘和保护措施。

（三）作业后

（1）认真清理现场，仔细检查是否有部件（如螺栓、螺母等）散落在被检修设备内，防止小金属物品造成电气短路事故。

（2）对机组和作业区域进行清理，保证机组运行环境的清洁。

第四节　线路安全控制

一、管道阴极保护系统

管道阴极保护系统是指为管道线路提供保护电流，确保管道不被其他介质腐蚀的设备或装置。根据电流源不同，一般分为强制电流保护系统和牺牲阳极保护系统。在管道阴极保护系统管理过程中需要注意以下安全要点：

（1）在操作过程中，如发现恒电位仪异常，应迅速断电，停止操作。

（2）切换恒电位仪电源或者给恒电位仪后部接线面板上脱落的导线重新接线过程中，如发生触电应迅速切断电源，对触电者实施紧急救护。

（3）雷雨期间，不得在管道上进行阴极保护系统安装、测试、检修作业。

（4）处于电力线路及其接地体附近的管道应加强管理，防止造成人员伤害。

（5）进行电气测量的测试引线、线夹和端子应绝缘。连接时，先将引线与测试仪器相连，再连接引线与管道；测试完成之后，先断开引线与管道的连接，再断开引线与仪器的连接。所有的测试连接应一步一步完成，一次只完成一个连接/断开。

（6）当采用长距离引线、导线靠近电力线时，导线中会感应产生明显的电位，宜采用适当措施来减缓影响。

（7）站在接地网上的人员不应与站在接地网之外的人员之间传递工具、仪表等。

（8）断开接地网连接时，不应直接或通过导线间接与管道接触。

（9）测量接地电阻时，应迅速断开接地装置，以减少测量人员的危险。

二、管道线路巡护管理

管道线路巡护是指管道企业安排或委托专职人员定期对管道设施进行巡查、保护，并按规定对管道本身状况和管道附近影响或可能影响管道安全的人为活动及自然因素，及时发现、制止、纠正、记录、报告处理的全过程。在管道线路巡护管理过程中需要注意以下安全要点：

（1）检查巡检管段内管道穿（跨）越工程、管道标识、线路阀室、各类保护工程，并确认其完好。

（2）检查油气泄漏现象（枯死的植物、烟气、响声、气泡、油气味道等）。

（3）检查管道沿线地貌变化、管道附属设施（地面标识、水工等）的完好性、沿线管道占压、安全保护范围内的第三方施工等，并关注周边社会活动。

（4）在管道线路中心线两侧各 5m 地域范围内重点巡查并禁止事项：种植乔木、灌木、藤类、芦苇、竹子或者其他根系深达管道埋设部位可能损坏管道防腐层的深根植物；取土、采石、用火、堆放重物、排放腐蚀性物质、使用机械工具进行挖掘施工；挖塘、修渠、修晒场、修建水产养殖场、建温室、建家畜棚圈、建房以及修建其他建筑物、构筑物。

（5）在管道线路中心线两侧各 5m 以外重点关注定向钻、顶管作业、公路交叉、铁路交叉、电力线路交叉、光缆交叉、其他管道交叉、河道沟渠作业、挖砂取土作业、侵占、城建、爆破等施工活动。

（6）在穿越河流处管道线路中心线两侧各 500m 地域范围内重点巡查事项：抛锚、拖锚、挖砂、挖泥、采石、水下爆破等。

（7）禁止下列危害管道安全的行为：擅自开启、关闭管道阀门；采用移动、切割、打孔、砸撬、拆卸等手段损坏管道；移动、毁损、涂改管道标志；在埋地管道上方巡查便道上行驶重型车辆；在地面管道线路、架空管道线路和管桥上行走或者放置重物。

（8）管道穿越大中型河流、山谷、冲沟、隧道、邻近水库及其泄洪区、水渠、人口密集区、地（震）质灾害频发区、地震断裂带、矿山采空区、爆破采石区域、工业建设地段等危险点源需设置警示牌，连续地段宜每 100m 设置 1 个警示牌，并设置在管道中心线上。

（9）管道穿越河流、水渠长度在 ≥50m 以上时，应在其两侧设置警示牌；管道穿越河流、渠道长度在 50m 以下时，应在其一侧设置警示牌；警示牌设置在河流、水渠堤坝坡脚处或距岸边 3m 处。

（10）宜在水工保护、地质灾害治理设施上方设立警示牌，并选择适当的警示用语。管道与市政管网交叉处应设置警示牌，标注警示用语，并在巡检过程中监测油气浓度。

三、第三方施工监护

第三方是指管道输油气单位及与管道运营单位有合同关系的承包商以外的组织或个人。第三方施工是指第三方在管道周边，从事维护管道以外的作业，有潜在危及管道安全的活动。为有效控制管道周边第三方施工可能导致的管道安全风险，避免第三方施工误损伤管道，各输油气单位输油气站负责第三方施工现场的监护管理工作。在第三方施工监护管理过程中需要注意以下安全要点：

（1）输油气站确认第三方施工有效信息后，应立即派人与第三方取得联系并送达《管道安全保护告知书》，了解详细工程信息。输油气站组织在第三方施工与管道关联段上方设置临时警示标识，标定警示范围。

（2）县级人民政府主管管道保护工作的部门同意第三方申请后，输油气站会同第三方开展现场定位，开挖测定管道、光缆的走向和埋深。对第三方施工单位强行施工的，输油气站立即报告县级人民政府主管管道保护工作的部门协调制止，安排人员 24h 进行现场监护。

（3）输油气单位协助县级人民政府主管管道保护工作的部门与第三方协商确定施工作业方案，并签订安全防护协议。如协商不成或突破行业标准和规范要求的第三方施工工程，由输油气单位协助县级人民政府主管管道保护工作的部门进行安全评审，并按照政府部门批复的审查意见执行。

（4）输油气站接到第三方书面开工通知后，组织第三方办理作业许可。输油气站与第三方现场负责人，再次对管道及光缆埋深和走向进行现场复核确认，与第三方施工相关联的管道开挖探坑验证，探明管道与光缆的准确位置，并对第三方施工人员进行管道保护注意事项和控制区域交底。第三方施工必须在管道监护人员的监护下实施。监护人到现场应做到"四清"：第三方施工内容清、施工单位及建设单位清、管道基本状况清和管道警示标识清。

（5）第三方实施定向钻、顶管施工作业时，实行升级管理，由输油气单位主管部门专门到现场监护，实行"可视化管理"，要在管道可视的情况下平稳穿越。在施工入土端方向，距离管道中心线 3～5m 内，开挖监测槽，监测槽深度大于管道底部 1m 以上。

（6）第三方施工作业结束后，输油气站与第三方施工单位对关联段管道的保护工程进行验收，对管道是否受损进行确认，详细记录隐蔽工程的情况。验收合格后，撤离看护人员和临时警示标志。对第三方施工中与管道关联管段相关的施工资料，同时在输油气单位存档管理。

第五节　维抢修作业安全控制

一、常用工器具的操作安全要求

（一）砂轮机安全使用要点

（1）经过培训的人员才能安装砂轮。

（2）托刀架与砂轮工作面的距离不能大于 3mm。

（3）在启动砂轮机前，要认真察看砂轮机与防护罩之间有无杂物，否则不准启动。

（4）使用砂轮机作业人员应佩戴护目镜，禁止戴手套。

（5）砂轮机启动后，要空转至运转正常方可使用。

（6）进行磨削时，应侧位操作，禁止面对着砂轮圆周面进行磨削，禁止使用砂轮侧，不能用力过猛，不得撞击砂轮，禁止两人同时使用一个砂轮。

（7）磨削完毕后应关闭电源。

（8）经常清除防尘罩内积粉，并定期检修更换主轴润滑油脂。

（9）砂轮磨小到接近法兰盘边沿旋转面 10mm 时，应予更新。更换新砂轮时，应切断总电源，轴端螺母垫片不得压得过紧，以免压裂砂轮。

（二）移动式梯子安全使用要点

（1）对新购的梯子在投入使用前应进行检查，使用期内应定期检查并贴上检查合格标志。梯子每次使用前应进行检查，以确保其始终处于良好状态。

（2）使用梯子前，应确保工作安全负荷不超过其最大允许载荷。

（3）有故障的梯子应停止使用，贴上"禁止使用"标签，并及时处理。

（4）当梯子发生严重弯曲、变形或破坏等不可修复的情况时，应及时报废。对报废后的梯子应进行破坏处理，以确保其不能再被使用。

（5）一个梯子上只允许一人站立，并有一人监护。严禁带人移动梯子。

（6）梯子使用时应放置稳定。在平滑面上使用梯子时，应采取端部套、绑防滑胶皮等防滑措施。直梯和延伸梯与地面夹角以 $60°\sim70°$ 为宜。

（7）使用梯子时，人员处在坠落基准面 2m（含 2m）以上时应采取防坠落措施。

（8）在梯子上工作时，应避免过度用力、背对梯子工作、身体重心偏离等，以防止身体失去平衡而导致坠落。

（9）有横档的人字梯在使用时应打开并锁定横档，谨防夹手。

（10）上、下梯子时，应面向梯子，一步一级，双手不能同时离开梯子。下梯时应先看后下。

（11）人员在梯子上作业需使用工具时，可用跨肩工具包携带或用提升设备以及绳索来上下搬运，以确保双手始终可以自由攀爬。

（12）对于直梯、延伸梯以及 2.4m 以上（含 2.4m）的人字梯，使用时应用绑绳固定或由专人扶住，固定或解开绑绳时，应有专人扶梯子。

（13）若梯子用于人员上、下工作平台，其上端应至少伸出支撑点 1m。在支撑点以上的梯子部分（指直梯或延伸梯）只可在上、下梯子时作扶手用，禁止用其挂靠、固定任何设备或工具。

（14）梯子最上两级严禁站人，并应有明显警示标志。

（15）在通道门口使用梯子时，应将门锁住。

（16）严禁将梯子用作支撑架、滑板、跳板或其他用途。

（17）严禁在吊架上架设梯子。

（18）在电路控制箱、高压动力线、电力焊接等任何有漏电危险的场所应使用专用绝缘梯，严禁使用金属梯子。

（19）存放梯子时，应将其横放并固定，避免倾倒砸伤人员。

（20）梯子存放处应干燥、通风良好，并避免高温和腐蚀。

（21）存放的梯子上严禁堆放其他物料。

（22）运输梯子时，应进行适当的支撑和固定，以防摩擦和震动带来的损伤。延伸梯应收缩固定后再搬运，人字梯应在合拢后搬运。

（三）脚手架安全使用要点

（1）脚手架搭设作业单位应具有脚手架作业相关资质，脚手架搭设作业人员应经过培训并具有相应资质。

（2）脚手架管理实行绿色和红色标志：

① 绿色"脚手架准用牌"，表示脚手架已经过检查且符合设计要求，可以使用。

② 红色"脚手架禁用牌"，表示脚手架不合格、正在搭设或待拆除，除搭设人员外，任何人不得攀爬和使用。

（3）脚手架的使用者都应接受培训。培训的内容包括作业规程、作业危害、安全防护措施等。

（4）脚手架的使用者应进行工作前安全分析并采取适当的防护措施。

（5）在脚手架使用过程中现场应设置安全防护设施。

（6）使用者应通过安全爬梯（斜道）上下脚手架。脚手架横杆不可用作爬梯，除非其按照爬梯设计。

（7）脚手架上的载荷不允许超过其容许的最大工作载荷。

（8）脚手架无扶手、腰杆和完整的踏板时，脚手架的使用者需使用防坠落保护设施。

（9）不得在脚手架基础及其邻近处进行挖掘作业。

（10）在脚手架上作业时要随时清理落到架面上的材料，不要乱放材料、工具。操作采取正确姿势，站稳脚跟，或一手把持在稳固的结构或支持物上，避免身体失衡或把东西甩出。拆除重物应采取必要的支托措施。禁止在架面上打闹戏耍、倒退行走、跳跃、奔跑和跨坐在外护栏上。

（11）在脚手架上进行电气焊作业时，要铺铁皮接着火星或移去易燃物，以免火星点着易燃物，做好防火措施。

（12）雨、雪之后上架作业时，应把架面上的积雪、积水清除掉。

二、通用安全要求

（1）作业人员应身体合格、经专业安全技术培训考核合格，具备相应作业的操作资质证书。

（2）作业所用设备应定期进行清洁、维护保养，使用前应进行检查，确保设备整洁、完好。

（3）作业前要穿戴好个人劳动防护用品，选用合理、合格的设备器具和材料。

（4）作业前、结束后要与运行单位办理交接手续，对设备和运行状态进行确认。

（5）作业前提前编制作业方案、HSE作业计划书，办理作业许可，作业过程中认真落实各项HSE措施，执行相应操作规程，并设专人监护。

（6）作业区域应设遮拦，根据作业风险装设安全警示标志，作业现场工器具摆放整洁有序。

（7）高空作业时，要系好安全带，脚下注意防滑。

（8）工作完毕后，应灭绝火种、切断电源、清理杂物，检查并恢复场地。

（9）认真填写相关记录、卡片，确保真实、可靠、准确无误。

三、管钳工作业安全要求

（1）锉刀、手锤等工器具，必须装柄使用，装柄要牢固，手上出汗或有油时，应及时擦干。

（2）清理铁屑等杂物时，应用毛刷，并戴手套。

（3）维护保养设备时，严格按照规程操作，严禁任意转动机械和移动部件，严禁将异物留在设备内，两人以上操作，必须有一人指挥。

（4）试压时，压力表必须灵敏可靠，试压区周围不得有行人过往，堵头方向不得站人。

（5）设备维修时，必须切断电源，并上锁挂牌。

（6）使用电钻和其他电动工具时，必须戴绝缘手套，脚下绝缘，并对使用工具进行认真检查。

（7）下料时，严格按照图纸进行，查找安全隐患。

（8）管子、法兰窜动或对口时，动作应协调，手严禁放在管口和法兰连接处。

（9）进行阀门安装、连接螺栓等作业时，应选择合适的管钳、扳手等工器具。

四、封堵工作业安全要求

封堵工作业安全要求同管钳工作业安全要求。

五、电焊工作业安全要求

（一）通用安全要求

（1）作业中严格执行焊接操作规范。非常规作业和危险作业应按规定办理作业许可。

（2）下雨天不准露天电焊，在潮湿地带工作时，必须采取绝缘措施。

（3）对于有毒有害场所紧急情况下的抢修焊接作业等，可佩戴正压式空气呼吸器，防止发生急性中毒事故。

（4）操作场地10m内，不应储存油类或其他易燃易爆物品（包括有易燃易爆气体的器皿管线）。临时工地若有此类物品，而又必须在此操作时，应通知消防部门和安全部门到现场检查，采取临时性安全措施后，方可进行操作。

（5）焊接场地应备有消防器材，保证足够的照明和良好的通风，对于有色金属器件的焊接，要及时排毒，必要时使用过滤式防毒面具。

（6）线路横越车行道应架空或加保护盖。

（7）焊接前应去除油漆，禁止用电焊烧除油漆。

（8）操作时（包括打渣）所有工作人员必须戴好防护眼镜或面罩。仰面焊接应扣紧衣领，扎紧袖口，戴好防火帽。

（9）在人多的地方焊接时，应安设遮拦，并提醒周围人员不要直视弧光。

（10）电焊机二次线路及外壳必须有良好接地；焊条的夹钳绝缘必须良好，焊接线路必须安装漏电保护器。

（11）移动式电焊机从电力网上接线或检线，以及接地等工作均应由电工进行。

（12）电焊机接地零线及电焊工作台回线都不准搭在易燃、易爆的物品上，也不准接在管道和机床设备上。工作台回线应绝缘良好，机壳接地必须符合安全规定。

（13）推闸刀开关时，身体要偏斜些，要一次推足，然后开启电焊机；停机时，先关电焊机，才能拉断电源闸刀开关。

（14）移动电焊机位置，须先停机再断电；焊接中突然停电，应立即关闭电焊机。

（二）焊接设备设施管理安全要求

（1）所有电焊设备都应进行日常检查，有故障的设备立即停用。

（2）电焊机及附属线路必须有可靠的接地线，一次接线处应加保护罩，任何时候电线均保持良好绝缘。

（3）含有可燃气体或液体的管道等导电体不能用作接地回路，链条、钢丝绳、起重机等不能用来输送焊接电流。

（4）焊接电缆（引线）应悬挂在高处或铺设在通道一侧，避免移动设备的牵扯。在横穿道路的地方，若不能悬挂，应置于地上，用能承载重物的保护性覆盖物盖住。

（5）焊机机体的任何部位禁止与焊把未绝缘的金属部件及任何裸露的导体相接触。

（三）进入受限空间焊接作业安全要求

（1）要办理作业许可。

（2）焊接前进行气体检测，焊接过程中要强行机械通风和专人监护。

（3）携带通信设备和照明工具，由专人监护，定时联系，防止人员窒息和中暑。当天焊接工作结束时必须对受限空间入口进行封闭，防止异物、无关人员进入。

（四）接近电源线焊接作业安全要求

（1）严禁接近高压线进行高处焊接。

（2）在距离低压线小于 2.5m 进行高处焊接时，应停电后再作业，使用防火安全带，并设监护人。

六、气焊工作业安全要求

（1）严格遵守安全操作规程。

（2）作业场地应备有消防器材，保证足够的照明和良好的通风，对于有色金属器件的焊接，要及时排毒，必要时使用过滤式防毒面具。

（3）工作前或停工时间较长的工作开始前，必须检查所有设备。乙炔瓶、氧气瓶与橡胶软管的接头，阀门及紧固件等均应紧固牢靠，不准松动、破损或漏气，乙炔瓶、氧气瓶及其附件橡胶软管、工具上等均不能沾染带油脂的泥垢。

（4）检查设备、附件及管路漏气，只准用肥皂水试验。试验时，周围不准有明火，不准抽烟。严禁用火试验漏气。

（5）氧气瓶和乙炔瓶的调节器出口应安装回火防止器；氧气和乙炔焊柜上应装有止回

阀或回火防止器。

（6）操作场地 10m 内，不应储存油类或其他易燃易爆物品（包括有易燃易爆气体的器皿、管线）。临时工地若有此类物品，而又必须在此操作时，应通知消防部门和安全部门到现场检查，采取临时性安全措施后，方可进行操作。

（7）焊接时，氧气瓶与乙炔瓶工作间距不小于 5m，且乙炔气瓶严禁卧放，二者与动火作业地点的距离不得小于 10m。

（8）阀门开启使用防爆扳手，不可用锤子或其他工具击打。开瓶阀时，人要站在一旁，不要正对阀门，避开其他人员，以防沉积在阀门里的粉尘或脏物冲击伤人。

（9）设备管道冻结时，禁止用火烤或工具敲击冻块。氧气阀或管道要用 40℃的温水溶化；乙炔阀、回火防止器及管道可用热水或蒸汽加热解冻，或用 23～30℃氯化钠热水溶液解冻、保温。

（10）高处作业应系安全带，采取防护设施，地面应有人监护。

（11）露天作业应防止阳光直射在氧气瓶和乙炔瓶上。

（12）不使用时，氧气瓶和乙炔瓶阀门应及时关闭。

（13）工作完毕后，要拧上气瓶的安全帽，把氧气瓶和乙炔瓶放到指定地点。

（14）压力容器及压力表、安全阀应按规定定期送交校验或试验。

第五章

危险作业管理

第一节　作业许可管理

作业许可（PTW）是指在从事高危作业（如进入受限空间作业、动火作业、挖掘作业、高处作业、移动式吊装作业、临时用电作业、管线打开作业等）及缺乏工作程序（规程）的非常规作业之前，为保证作业安全，进行风险评估、安全确认和有效沟通，必须取得授权许可方可实施作业的一种安全管理制度，是控制作业现场风险的一项重要的安全措施。

作业许可证是作业许可实施过程中产生的票证，所有的签字方（包括申请人、批准人以及相关方）都可以将其要求表达在这个票证中，并将这些要求在作业人员中进行沟通和传达，并在现场确认这些要求是否得到落实。

一、作业许可的范围

（1）在所辖区域内或在已交付的在建装置区域内，进行下列工作均应实行作业许可管理，办理作业许可证。

① 非计划性维修工作（未列入日常维修计划的工作）；

② 由承包商完成的非常规作业；

③ 未形成作业指导书的作业；

④ 偏离安全标准、规则、程序要求的作业；

⑤ 交叉作业；

⑥ 生产运行单位在承包商作业区域进行的作业。

（2）如果工作中包含下列作业，还应同时办理相应的专项作业许可证。

① 进入受限空间作业；

② 挖掘作业；

③ 高处作业；

④ 移动式吊装作业；

⑤ 管线打开作业；

⑥ 临时用电作业；

⑦ 动火作业。

二、作业许可的管理环节

（1）作业许可证申请；

（2）书面审查；

（3）现场核查；

（4）许可证审批；

（5）许可证取消；

（6）许可证延期和关闭。

三、作业许可的执行与监督

（1）作业的执行人员必须经过安全与技能的教育培训，特种作业人员必须持国家及地方政府有关部门颁发的特种作业操作资格证书。

（2）作业过程中必须有安全监督人员进行现场监控，监控的主要内容包括：作业细节是否符合规定文件要求，作业许可证是否按规定填写、批准、签发，并且在有效期内。

（3）在作业过程中出现异常情况，应立即停止作业，并通知现场安全监督人员，由安全监督人员和现场作业负责人决定是否采取变更程序或应急措施。

第二节　进入受限空间作业

一、基本概念

受限空间是指符合以下所有物理条件外，还至少存在以下危险特征之一的作业空间。

（1）物理条件：

① 有足够的空间，让员工可以进入并进行指定的工作；

② 进入和撤离受到限制，不能自如进出；

③ 并非设计用来给员工长时间在内工作的空间。

（2）危险特征：

① 存在或可能产生有毒有害气体或机械、电气等危害；

② 存在或可能产生掩埋作业人员的物料；

③ 内部结构（如内有固定设备或四壁向内倾斜收拢）可能将作业人员困在其中。

受限空间可为生产区域内的炉、塔、罐、仓、槽车、管道、烟道、隧道、下水道、沟坑、井、池、涵洞等封闭或半封闭的空间或场所，亦可为围堤、动土或开渠、惰性气体吹扫空间等可能会遇到类似于进入受限空间时发生的潜在危害的特殊区域。

二、基本要求

（1）进入受限空间作业实行作业许可管理，应当办理进入受限空间作业许可证，未办理作业许可证严禁作业。

（2）作业申请人、属地监督、作业批准人、作业监护人、作业人员必须经过相应培训，具备相应能力。

（3）进入受限空间作业许可证是现场作业的依据，只限在指定的作业区域和时间范围内使用，且不得涂改、代签。

（4）进入受限空间作业前应按照作业许可证或安全工作方案的要求进行气体检测，作业过程中应进行气体监测，合格后方可作业。

（5）作业人员在进入受限空间作业期间应采取适宜的安全防护措施，必要时应佩戴有效的个人防护装备。

（6）发生紧急情况时，严禁盲目施救。救援人员应经过培训，具备与作业风险相适应的救援能力，确保在正确穿戴个人防护装备和使用救援装备的前提下实施救援。

三、进入前准备

（1）隔离。进入受限空间前应事先编制隔离核查清单，隔离相关能源和物料的外部来源，与其相连的附属管道应断开或盲板隔离，相关设备应在机械上和电气上被隔离并挂牌、锁定。按清单内容逐项核查隔离措施，并作为许可证的附件。

（2）清理、清洗。进入受限空间前，应视存装介质的特性制定清理、清洗或置换方案，选用适当物质对受限空间进行清空、清扫、清洗或置换。

（3）气体检测。凡是有可能存在缺氧、富氧、有毒有害气体、易燃易爆气体、粉尘等，事前应进行气体检测，注明检测时间和结果；受限空间内气体检测 30min 后，仍未开始作业，应重新进行检测；如果作业中断，再次进入之前应重新进行气体检测。

检测标准：氧气浓度应保持在 19.5%～23.5%；有毒有害气体浓度应符合国家相关规定要求；易燃易爆气体或液体挥发物的浓度都应满足以下条件：

① 当爆炸下限≥4%时，浓度<0.5%（体积分数）；

② 当爆炸下限<4%时，浓度<0.2%（体积分数）。

气体检测设备必须经有检测资质单位检测合格，每次使用前应检查，确认其处于正常状态。气体取样和检测应由培训合格的人员进行，取样应有代表性，取样点应包括受限空间的顶部、中部和底部。检测次序应是氧含量、易燃易爆气体浓度、有毒有害气体浓度。

四、进入受限空间的安全要求

（1）进入受限空间作业实施前应当进行安全交底，作业人员应当按照进入受限空间作业许可证的要求进行作业。

（2）进入受限空间作业应指定专人监护，不得在无监护人的情况下作业；作业人员和监护人员应当相互明确联络方式并始终保持有效沟通；进入特别狭小空间时，作业人员应当系安全可靠的保护绳，并利用保护绳与监护人员进行沟通。

（3）受限空间内的温度应当控制在不对作业人员产生危害的安全范围内。

（4）受限空间内应当保持通风、保证空气流通和人员呼吸需要，可采取自然通风或强制通风，严禁向受限空间内通纯氧。

（5）受限空间内应当有足够的照明，使用符合安全电压和防爆要求的照明灯具；手持电动工具等应当有漏电保护装置；所有电气线路绝缘良好。

（6）受限空间作业应当采取防坠落或滑跌的安全措施；必要时，应当提供符合安全要求的工作面。

（7）对受限空间内阻碍人员移动、对作业人员可能造成危害或影响救援的设备应当采取固定措施，必要时移出受限空间。

（8）进入受限空间作业期间，应当根据作业许可证或安全工作方案中规定的频次进行气体监测，并记录监测时间和结果，结果不合格时应立即停止作业。气体监测应当优先选择连续监测方式，若采用间断性监测，间隔不应超过 2h。

（9）携带进入受限空间作业的工具、材料要登记，作业结束后应当清点，以防遗留在受限空间内。

（10）如发生紧急情况，需进入受限空间进行救援时，应当明确监护人员与救援人员的联络方式。救援人员应当佩戴相应的防护装备，必要时，携带气体防护装备。

（11）进入受限空间作业期间，作业人员应当安排轮换作业或休息。每次进、出受限空间的人员都要清点和登记。

（12）如果进入受限空间作业中断超过 30min，继续作业前，作业人员、监护人员应当重新确认安全条件。作业中断过程中，应对受限空间采取必要的警示或隔离措施，防止人员误入。

第三节　挖掘作业

一、基本概念

挖掘作业是指在生产、作业区域使用人工或推土机、挖掘机等施工机械，通过移除泥土形成沟、槽、坑或凹地的挖土、打桩、地锚入土作业；或建筑物拆除以及在墙壁开槽打眼，并因此造成某些部分失去支撑的作业。

二、基本要求

（1）挖掘作业实行作业许可，作业前都应当进行工作前安全分析，并办理作业许可证，地面挖掘深度不超过 0.5m 除外。

（2）所有挖掘作业在施工准备阶段，作业主管单位都必须通过可靠的途径，对施工区域的地下及周边情况进行调查。应保证现场相关人员拥有最新的地下设施布置图，明确标注电缆、管网或公用设施等地下设施的位置、走向、深度及可能存在的危害，在输油气主干线作业及其他作业现场地下埋藏物不清楚时必须采用探测设备进行探测。

（3）根据工作前安全分析的结果，确定应采取的相关控制措施，必要时制定作业计划书或风险管理单，明确界定机械施工设备的允许使用范围。

（4）如果施工可能会对他方的财产或公共设施产生影响，作业主管单位必须在施工前与相关方进行沟通并达成协议，以使相应的风险得到有效控制。

（5）只有在工作前安全分析已完成、挖掘作业许可证已签发、现场监护人已到位的情况下，才可以进行挖掘作业。

（6）施工区域所在单位应指派一名监督人员，对开挖处、邻近区域和保护系统进行检查，发现异常危险征兆，如明显存在可能塌方、滑坡或隐蔽设施与工作计划发生偏差的迹象，在采取必要的预防措施之前，必须停止所有工作。

（7）如果坑的深度等于或大于 1.2m，可能存在危险性气体的挖掘现场，要进行气体检测，同时，还需要考虑是否实行受限空间安全管理。

（8）连续挖掘超过一个班次的挖掘作业，每日作业前应进行安全检查。

（9）当地下设施位置和深度不明确时，应用手工工具（如铲子、锹、尖铲）来确认其正确位置和深度。所有暴露后的地下设施都应及时予以确认，不能辨识时，应立即停止作业，并报告施工区域所在单位，采取相应的安全保护措施后，方可重新作业。

（10）在危险场所进行挖掘作业时，应与有关操作人员建立联系，当突然排放有害物质时，最先发现的人员应立即通知挖掘作业人员停止作业，并迅速撤离现场。

（11）在坑、沟槽内作业应正确穿戴安全帽、防护鞋、手套等个人防护装备。不得在坑、沟槽内休息，不得在升降设备、挖掘设备下或坑、沟槽上端边沿站立、走动。

（12）施工结束后，应根据要求及时回填，并恢复地面设施。若地下隐蔽设施有变化，施工单位应将变化情况向作业区域所在单位及相关方通报，以完善地下设施布置图。

（13）当挖掘深度超过 1.5m 且有人员进行沟下作业时，必须按照规定落实放坡及设置保护系统的有关要求。

三、挖掘作业安全要求

（1）机械开挖管沟作业时，管顶上方保留的覆土厚度不应少于 0.8m，对于带管堤管段，机械开挖可以控制在管顶上方 0.5m，以下的土方必须人工开挖。

（2）在易出现打孔盗油（气）管段的管道上方进行机械开挖前，人工先开挖 0.5m 宽的探沟，确认管道上方无任何外接物后再进行机械开挖。

（3）如果挖掘深度超过 4m，必须进行负荷计算及支撑设计，并在开挖期间监督对所设计支撑的安装；对于挖掘深度 6m 以内的作业，应根据土质的类别设置斜坡和台阶、支撑和挡板等保护系统；对于挖掘深度超过 6m 所采取的保护系统，应由有资质的专业人员设计。

（4）保护性支撑系统的安装应自上而下进行，支撑系统的所有部件应稳固相连。严禁用胶合板制作构件。如果需要临时拆除个别构件，应先安装替代构件，以承担加载在支撑系统上的负荷。工程完成后，应自下而上拆除保护性支撑系统，回填和支撑系统的拆除应同步进行。

（5）挖出物或其他物料至少应距坑、沟槽边沿 1m，堆积高度不得超过 1.5m，坡度不大于 45°，不得堵塞下水道、窖井以及作业现场的逃生通道和消防通道。

（6）在坑、沟槽的上方、附近放置物料和其他重物或操作挖掘机械、起重机、卡车时，应在边沿安装板桩并加以支撑和固定，设置警示标志或障碍物。

（7）挖掘深度超过 1.2m 时，每隔 8m，利用梯子、阶梯、斜坡或其他方式为进出沟槽提供安全通道。如果使用梯子，上部应高出地平面 1m 并应适当固定。

（8）作业场所不具备设置进、出口条件，应设置逃生梯、救生索及机械升降装置等，并安排专人监护作业，始终保持有效的沟通。

（9）当允许员工、设备在挖掘处上方通过时，应提供带有标准栏杆的通道或桥梁，并明确通行限制条件。

（10）挖掘作业现场应设置护栏、盖板和明显的警示标志，在人员密集场所或区域施工时，夜间应悬挂红灯警示。

（11）挖掘作业如果阻断道路，应设置明显的警示和禁行标志，对于确需通行车辆的道路，应铺设临时通行设施，限制通行车辆吨位，并安排专人指挥车辆通行。采用警示路障时，应将其安置在距开挖边缘至少 1.5m 之外。如果采用废石堆作为路障，其高度不得低于 1m。在道路附近作业时应穿戴警示背心。

（12）多人同时挖土应相距在 2m 以上，防止工具伤人。使用机械挖掘时，任何人都不得进入沟、槽和坑等挖掘现场。

第四节　高处作业

一、基本概念

高处作业是指任何可能导致人员坠落 2m 及以上距离的作业（包括在孔洞附近区域作业或安装拆除栏杆等作业）。

坠落高度基准面是指可能坠落范围内最低处的水平面。

二、基本要求

（1）高处作业实行作业许可，应进行工作前安全分析，并办理高处作业许可证。对于常规的高处作业活动（如上罐巡检、检尺，上炉巡检等），进行了风险识别和控制，并有操作规程或作业指导书，可不办理作业许可。

（2）只有在工作前安全分析已完成，并且天气条件满足要求、高处作业人员的身体和精神状况合适、坠落保护和坠落应急救援措施都已落实、高处作业许可证已签发、现场监护人已到位的情况下，才可以进行高处作业。

（3）高处作业实施前作业申请人必须对作业人员进行安全交底，明确作业风险和作业要求，作业人员应按照高处作业许可证的要求进行作业。

（4）高处作业过程中，作业监护人应对高处作业实施全过程现场监护，严禁无监护人作业。

（5）安全带应高挂低用，不得系挂在移动、不牢固的物件上或有尖锐棱角的部位，系挂后应检查安全带扣环是否扣牢。

（6）作业人员应沿着通道、梯子等指定的路线上下，并采取有效的安全措施。作业点下方应设安全警戒区，应有明显警戒标志，并设专人监护。

（7）高处作业禁止投掷工具、材料和杂物等，工具应采取防坠落措施，作业人员上下梯子时手中不得持物。所用材料应堆放平稳，不妨碍通行和装卸。

（8）梯子使用前应检查结构是否牢固。禁止在吊架上架设梯子，禁止踏在梯子顶端工作。同一架梯子只允许一个人在上面工作，不准带人移动梯子。

（9）禁止在不牢固的结构物上进行作业，作业人员禁止在平台、孔洞边缘、通道或安全网内等高处作业处休息。

（10）高处作业与其他作业交叉进行时，应按指定的路线上下，不得上下垂直作业。如果需要垂直作业时，应采取可靠的隔离措施。

（11）高处作业应与架空电线保持安全距离。夜间高处作业应有充足的照明。高处作业人员应与地面保持联系，根据现场需要配备必要的联络工具，并指定专人负责联系。

（12）因作业需要临时拆除或变动高处作业的安全防护设施时，应经作业申请人和作业批准人同意，并采取相应的措施，作业后应立即恢复。

三、高处作业安全条件

（一）天气和环境条件要求

（1）阵风风力小于六级（风速 10.8m/s）；

（2）没有受到雨、雪的影响；

（3）附近没有打雷闪电；

（4）附近没有吊装等可能会危及高处作业的作业。

（二）高处作业人员要求

（1）都参加过高处作业规定的培训；

（2）脚手架登高架设作业人员持有政府认可的机构颁发的"特种作业操作证"资格证书；

（3）没有高处作业职业禁忌疾病，包括：高血压、心脏病、贫血、癫痫、严重关节炎、手脚残废；

（4）没有饮酒、服用嗜睡或兴奋药物；

（5）精神处于良好的状态。

（三）防坠落措施要求

（1）具备安全到达高处的途径，比如梯子或升降梯；

（2）配备了全身式、装有缓冲装置和两根系索的安全带；

（3）高处各作业点有符合要求的安全带锚固点；

（4）坠落应急救援方案已落实到位。

四、高处作业设备设施检查

与高处作业相关的设备设施，包括护栏、梯子、升降梯和安全带等，必须进行定期和使用前的检查，以确保其处于完好的状态。

第五节　移动式吊装作业

一、基本概念

移动式起重机即自行式起重机，包括履带起重机、轮胎起重机，不包括桥式起重机、龙门式起重机、固定式桅杆起重机、悬挂式伸臂起重机以及额定起重量不超过 1t 的起重机。

二、基本要求

（1）移动式起重机吊装作业实行作业许可管理，吊装前需办理吊装作业许可证。

（2）起重机司机应取得资质证书，身体和心理条件满足要求。

（3）使用前起重机各项性能均应检查合格。吊装作业应遵循制造厂家规定的最大负荷能力，以及最大吊臂长度限定要求。随机备有安全警示牌、使用手册、载荷能力铭牌并根据现场情况设置。

（4）禁止起吊超载、重量不清的货物和埋置物件。在大雪、暴雨、大雾等恶劣天气及风力达到五级及以上时应停止起吊作业，并卸下货物，收回吊臂。

（5）任何情况下，严禁起重机带载行走；无论何人发出紧急停车信号，都应立即停车。

（6）在可能产生易燃易爆、有毒有害气体的环境中工作时，应进行气体检测。

（7）起重机吊臂回转范围内应采用警戒带或其他方式隔离，无关人员不得进入该区域内。

（8）如果起重机遭受了异常应力或载荷的冲击，或吊臂出现异常振动、抖动等，在重新投入使用前，应由专业机构进行彻底的检查和修理。在加油时起重机应熄火，在行驶中吊钩应收回并固定牢固。

三、移动式起重机检查

（1）使用前的外观检查。设备技术人员、起重机司机应对新购置的、大修改造后的、移动到另一个现场的、连续使用时间在 1 个月以上的起重机进行外观检查，如钢丝绳、吊索吊钩、固定销、支腿垫板等。

（2）经常性检查。起重机司机每天工作前应对控制装置、吊钩、钢丝绳（包括端部的固定连接、平衡滑轮等）和安全装置进行检查，发现异常时应在操作前排除。若使用中发现安全装置（如上限位装置、过载装置等）损坏或失效，应立即停止使用。每次检查及相应的整改情况均应填写检查表并保存。

（3）定期性检查。起重机应进行定期检查，检查周期可根据起重机的工作频率、环境条件确定，但每年不得少于 1 次。检查内容由企业根据起重机的种类、使用年限等情况综合确定。此项检查应由本单位专业维修人员或企业指定维修机构进行。起重机还应接受政府部门的定期检验，从启用到报废，应定期检查并保留检查记录。

四、吊装作业安全要求

（1）进入作业区域之前，应对基础地面及地下土层承载力、作业环境等进行评估。在正式开始吊装作业前，应确认人员资质及各项安全措施。起重机司机必须巡视工作场所，确认支腿已按要求垫枕木，发现问题应及时整改。

（2）较复杂的吊装作业还应编制吊装作业计划书。关键性吊装应制定关键性吊装作业计划书。

（3）需在电力线路附近使用起重机时，起重机与电力线路的安全距离应符合相关标准。在没有明确告知的情况下，所有电线电缆均应视为带电电缆，必要时应制定关键性吊装计划书并严格实施。

（4）起重机吊臂回转范围内应采用警戒带或其他方式隔离，无关人员不得进入该区域内。

（5）起重作业指挥人应佩戴标识，并与起重机司机保持可靠的沟通，指挥信号应明确并符合规定。当联络中断时，起重机司机应停止所有操作，直到重新恢复联系。

（6）操作中起重机应处于水平状态。在操作过程中可通过引绳来控制货物的摆动，禁止将引绳缠绕在身体的任何部位。

（7）任何人员不得在悬挂的货物下工作、站立、行走，不得随同货物或起重机械升降。

（8）当货物处于悬吊状态、操作手柄未复位、手刹未处于制动状态、起重机未熄火关闭、门锁未锁好等情况下，起重机司机不得离开操作室。

第六节 管线打开作业

一、基本概念

管线打开是指采取下列方式（包括但不限于）改变封闭管线或设备及其附件的完整性：

（1）解开法兰；

（2）从法兰上去掉一个或多个螺栓；

（3）打开阀盖或拆除阀门；

（4）调换 8 字盲板；

（5）打开管线连接件；

（6）去掉盲板、盲法兰、堵头和管帽；

（7）断开仪表、润滑、控制系统管线，如引压管、润滑油管等；

（8）用机械方法或其他方法穿透管线；

（9）开启检查孔；

（10）微小调整（如更换阀门填料）；

（11）其他。

二、作业前准备

（1）管线打开实行作业许可，作业前应办理作业许可证。凡是没有办理作业许可证，没有按要求编制安全工作方案，没有落实安全措施，禁止管线打开作业。当管线打开作业涉及高处作业、动火作业、进入受限空间作业等，应同时办理相关作业许可证。

（2）管线打开作业前，作业单位应进行风险评估，根据风险评估的结果制定相应控制措施，必要时编制安全工作方案。

（3）作业前安全工作方案应与所有相关人员沟通，必要时应专门进行培训，确保所有相关人员熟悉相关的 HSE 要求。

（4）需要打开的管线或设备必须与系统隔离，其中的物料应采用排尽、冲洗、置换、吹扫等方法除尽。

（5）如果不能确保管线（设备）清理合格，如残存压力或介质在死角截留、未隔离所有压力或介质的来源、未在低点排凝和高点排空等，应停止工作，重新制定工作计划，明确控制措施，消除或控制风险。

（6）按照要求进行隔离。

（7）采用单截止阀隔离时，应制定风险控制措施和应急预案。

（8）应考虑使用手动阀门进行隔离，手动阀门可以是闸阀、旋塞阀或球阀。控制阀不能单独作为物料隔离装置，如果必须使用控制阀门进行隔离，应制定专门的操作规程确保安全隔离。

（9）应对所有隔离点进行有效隔断，并进行标识。

三、管线打开的安全要求

（1）明确管线打开的具体位置，在受管线打开影响的区域设置路障或警戒线，控制无关人员进入。

（2）管线打开过程中发现现场工作条件与安全工作方案不一致时（如导淋阀堵塞或管线清理不合格），应停止作业，并进行再评估，重新制定安全工作方案，办理相关作业许可证。

（3）管线打开工作交接的双方共同确认工作内容和安全工作方案。

（4）当管线打开时间需超过一个班次才能完成时，应在交接班记录中予以明确，确保班组间的充分沟通。

（5）管线打开作业时应选择和使用适宜的个人防护装备，专业人员和使用人员应参与个人防护装备的选择。使用前应由使用人员进行现场检查或测试，合格后方可使用。

（6）由承担管线打开作业的现场负责人提出作业申请，并指派监护人员。管线打开作业结束后，应清理作业现场，解除相关隔离设施，确认现场没有遗留任何安全隐患，申请人与批准人签字关闭作业许可证。

第七节　临时用电作业

一、基本概念

临时用电作业是指在生产或施工区域内临时性使用非标准配置 380V 及以下的低电压电力系统不超过 6 个月的作业。

非标准配置的临时用电线路是指除按标准成套配置的，有插头、连线、插座的专用接线排和接线盘以外的，所有其他用于临时性用电的电气线路，包括电缆、电线、电气开关、设备等（简称临时用电线路）。

手持式电动工具按电击保护方式分为Ⅰ类工具、Ⅱ类工具、Ⅲ类工具。

Ⅰ类工具是指工具在防止触电的保护方面不仅依靠基本绝缘，还包含一个附加的安全预防措施，其方法是将可触及的可导电的零件与已安装的固定线路中的保护（接地）导线连接起来，以这样的方法来使可触及的可导电的零件在基本绝缘损坏的事故中不成为带电体。

Ⅱ类工具是指工具在防止触电的保护方面不仅依靠基本绝缘，还提供双重绝缘或加强绝缘的附加安全预防措施，没有保护接地或依赖安装条件的措施。Ⅱ类工具分绝缘外壳Ⅱ类工具和金属外壳Ⅱ类工具。Ⅱ类工具应在工具的明显部位标有Ⅱ类结构符号。

Ⅲ类工具是指工具在防止触电的保护方面依靠由安全特低电压供电和在工具内部不会产生比安全特低电压高的电压。

二、基本要求

（1）临时用电作业实行作业许可管理，办理临时用电作业许可证，只限在指定的地点和规定的时间内使用，不得涂改、代签。用电申请人、用电批准人、作业人员必须经过相应培训，具备相应能力。电气专业人员，应经过专业技术培训，并持证上岗。

（2）安装、维修、拆除临时用电线路应由电气专业人员进行，按规定正确佩戴个人防护用品，健康状况良好，正确使用工器具。

（3）在开关上接引、拆除临时用电线路时，其上级开关应断电锁定管理。

（4）临时用电线路和设备应按供电电压等级和容量正确使用，所有的电气元件、设施应符合国家标准规范要求。临时用电电源施工、安装应严格执行电气施工安装规范,并接地或接零保护。

(5) 各类移动电源及外部自备电源,不得接入电网。动力和照明线路应分路设置。

(6) 临时用电作业实施单位不得擅自增加用电负荷,变更用电地点、用途。

(7) 临时用电线路和电气设备的设计与选型应满足爆炸危险区域的分类要求。

三、用电线路安全要求

(1) 所有的临时用电线路必须采用耐压等级不低于 500V 的绝缘导线。

(2) 临时用电设备及临时建筑内的电源插座应安装漏电保护器,在每次使用之前应利用试验按钮进行测试。所有的临时用电都应设置接地或接零保护。

(3) 送电操作顺序为:总配电箱—分配电箱—开关箱(上级过载保护电流应大于下级)。停电操作顺序为:开关箱—分配电箱—总配电箱(出现电气故障的紧急情况除外)。

(4) 配电箱应保持整洁、接地良好。对配电箱(盘)、开关箱应定期检查、维修。进行作业时,应将其上一级相应的电源隔离开关分闸断电、上锁,并悬挂警示性标识。

(5) 所有配电箱(盘)、开关箱应有电压标识和安全标识,在其安装区域内应在其前方 1m 处用黄色油漆或警戒带作警示。室外的临时用电配电箱(盘)还应设有安全锁具,有防雨、防潮措施。在距配电箱(盘)、开关及电焊机等电气设备 15m 范围内,不应存放易燃、易爆、腐蚀性等危险物品。

(6) 固定式配电箱、开关箱的中心点与地面的垂直距离应为 1.4~1.6m;移动式配电箱(盘)、开关箱应装设在坚固、稳定的支架上,其中心点与地面的垂直距离宜为 0.8~1.6m。

(7) 所有临时用电线路应由电气专业人员检查合格后方可使用,在使用过程中应定期检查,搬迁或移动后的临时用电线路应再次检查确认。

(8) 在接引、拆除临时用电线路时,其上级开关应当断电,并做好上锁挂牌等安全措施。

(9) 临时用电线路的自动开关和熔丝(片)应符合安全用电要求,不得随意加大或缩小,不得用其他金属丝代替熔丝(片)。

(10) 临时电源暂停使用时,应在接入点处切断电源,并上锁挂牌。搬迁或移动临时用电线路时,应先切断电源。

(11) 在防爆场所使用的临时用电线路和电气设备,应达到相应的防爆等级要求。

(12) 临时用电线路经过有高温、振动、腐蚀、积水及机械损伤等危害部位时,不得有接头,并采取有效的保护措施。

四、用电设备安全要求

(1) 移动工具、手持电动工具等用电设备应有各自的电源开关,必须实行"一机一闸一保护"制,严禁两台或两台以上用电设备(含插座)使用同一开关直接控制。

(2) 使用电气设备或电动工具作业前,应由电气专业人员对其绝缘进行测试,Ⅰ类工具绝缘电阻不得小于 2MΩ,Ⅱ类工具绝缘电阻不得小于 7MΩ,合格后方可使用。

（3）使用潜水泵时应确保电动机及接头绝缘良好，潜水泵引出电缆到开关之间不得有接头，并设置非金属材质的提泵拉绳。

（4）使用手持电动工具应满足以下安全要求：

① 有合格标牌，外观完好，各种保护罩（板）齐全；

② 在一般作业场所，应使用Ⅱ类工具；若使用Ⅰ类工具时，应装设额定漏电动作电流不大于 15mA、动作时间不大于 0.1s 的漏电保护器；

③ 在潮湿作业场所或金属构架上作业时，应使用Ⅱ类工具或由安全隔离变压器供电的Ⅲ类工具；

④ 在狭窄场所，如锅炉、金属管道内，应使用由安全隔离变压器供电的Ⅲ类工具；

⑤ Ⅲ类工具的安全隔离变压器，Ⅱ类工具的漏电保护器及Ⅱ、Ⅲ类工具的控制箱和电源连接器等，应放在容器外或作业点处，同时应有人监护；

⑥ 电动工具导线必须为护套软线，导线两端连接牢固，中间不许有接头；

⑦ 临时施工、作业场所必须使用安全插座、插头；

⑧ 必须严格按照操作规程使用移动式电气设备和手持电动工具，使用过程中需要移动或停止工作、人员离去或突然停电时，必须断开电源开关或拔掉电源插头。

（5）临时照明应满足以下安全要求：

① 现场照明应满足所在区域安全作业亮度、防爆、防水等要求；

② 使用合适的灯具和带护罩的灯座，防止意外接触或破裂；

③ 使用不导电材料悬挂导线；

④ 行灯电源电压不超过 36V，灯泡外部有金属保护罩；

⑤ 在潮湿和易触及带电体场所的照明电源电压不得大于 24V，在特别潮湿场所、导电良好的地面、锅炉或金属容器内的照明电源电压不得大于 12V。

（6）所有临时用电开关应贴有标签，注明供电回路和临时用电设备；所有临时插座都应贴上标签，并注明供电回路和额定电压、电流。

第八节　动火作业

一、基本概念

动火作业是指在油气管道、油气输送、储存设备上以及输油气站场易燃易爆危险区域内进行直接或间接产生明火的施工作业。

置换是指采用清水、蒸汽、氮气或其他惰性气体替换动火作业管道、设备内可燃介质的作业。

二、基本原则

（1）凡进行有计划的动火作业，生产单位应提出动火申请，组织编制动火方案，并按动火级别上报审批；动火作业实行作业许可管理，应根据动火级别办理相应的动火作业许可证。

（2）凡是没有办理动火作业许可证，没有落实安全措施，未设现场动火监护人或监护人不在现场，动火方案有变动且未经批准以及动火现场指挥不下令时，均禁止动火。

（3）动火作业前，应辨识危害因素，进行风险评估，并采取相应安全措施，相应措施的要点和处置程序应张贴在动火现场和指挥场所，并设有明显标志。

（4）对紧急情况下的抢险动火，应按相应的应急预案执行，应急预案的要点和程序应张贴在应急地点和应急指挥场所，并设有明显标志。

（5）动火作业涉及的所有作业人员，应具备相应的资质等级，并持证上岗。

（6）不应在运行的天然气储气罐及储油罐罐体进行动火作业。

三、动火等级

根据动火场所、部位的危险程度，动火分为三级；根据风险评估结果可对动火进行升级管理。输油气站场可产生油、气的封闭空间包括但不限于天然气压缩机厂房、输油泵房、计量间、阀室及储罐内等场所；若对场所内全部设备管网采取隔离、置换或清洗等措施并经检测合格后，可以不视为可产生油、气的封闭空间。

（一）一级动火

（1）在油气管道（不包括燃料油、燃料气、放空和排污管道）及其设施上进行管道打开的动火作业。

（2）在输油气站场可产生油、气的封闭空间内对油气管道及其设施的动火作业。

（二）二级动火

（1）在油气管道及其设施上不进行管道打开的动火作业。

（2）在输气站场对动火部位相连的管道和设备进行油气置换，并采取可靠隔离（不包括黄油墙）后进行管道打开的动火作业。

（3）在输油气站场可产生油气的封闭空间对非油气管道、设施的动火作业。

（4）在燃料油、燃料气、放空和排污管道进行管道打开的动火作业。

（5）对运行管道的密闭开孔作业。

（三）三级动火

除一、二级动火外在生产区域的其他动火作业。

四、动火要求

（一）运行管道焊接

（1）在运行管道上焊接宜提前对焊接管道部位进行壁厚检测。

（2）在运行的原油管道上焊接时，焊接处管内压力宜小于此段管道允许工作压力的 0.5 倍，且原油充满管道。

（3）在运行的天然气或成品油管道上焊接时，焊接处管内压力宜小于此处管道蕴蓄工作压力的 0.4 倍，且成品油充满管道。

（二）油气管道打开

（1）对油气管道实施打开作业前应先确定管内压力降为零并排空设备、管道内介质。

（2）对油气管道实施密闭开孔，应确认开孔设备压力等级满足管道设计压力等级要求。

（3）管道打开应采用机械或人工冷切割方式。

（4）不应采用明火对油气管道进行开孔、切割等打开作业。

（三）置换与隔离

（1）对输油气站内设备及压力容器，应采取清洗、置换或吹扫等措施后实施动火。

（2）对与动火部位相连的存有油气等易燃物的容器、管段，应进行可靠的隔离、封堵或拆除处理。

（3）在油气站库易燃易爆危险区域内，对可拆下并能实施移动的设备、管线，宜移到规定的安全距离外实施动火。

（4）在对油气管道进行多处打开动火作业时，应对相连通的各个动火部位的动火作业进行隔离；不能进行隔离时，相连通的各个动火部位的动火作业不应同时进行。

（5）与动火部位相连的管道与容器设备压力有余压的，应对油气管道进行封堵隔离。

（6）与动火作业部位实施隔离的阀门应进行锁定管理；动火作业区域内的输油气设备、设施应由输油气站人员操作。

（7）对输油站场进行管道打开动火作业前应排空与打开处相连管道内的油品。

（8）对输气站场进行管道打开动火作业前应放空与打开处相连管道内的天然气。

（四）可燃气体浓度和氧气含量检测

（1）需动火施工的部位及室内、沟坑内及周边的可燃气体浓度应低于爆炸下限值的 10%。

（2）动火前应采用至少两个检测仪器对可燃气体浓度进行检测和复检，动火开始时间距可燃气体浓度检测时间不宜超过 10min，最长不应超过 30min；用于检测气体的检测仪应在校验有效期内，并在每次使用前与其他同类型检测仪进行比对检查，以确定其处于正常工作状态。

（3）在密闭空间动火，动火过程中应定时进行可燃气体浓度检测，最长不应超过 2h。

（4）对于采用氮气或其他惰性气体对可燃气体进行置换后的密闭空间和超过 1m 的作业坑内、作业前应进行氧气含量检测。

（五）动火过程中运行监护

（1）动火作业过程中应对与动火相关联的管道和设备的状况进行实时监控，如压力、温度等。

（2）动火作业过程中，动火监护人应坚守作业现场，动火作业监护人发生变化需经现场指挥批准。

（六）动火现场安全要求

（1）动火作业地带应分区域进行管理，并用警戒带进行隔离。

（2）在密闭空间和超过 1m 的作业坑内动火作业，应根据现场环境及可燃气体浓度和氧气含量检测情况确定是否采取强制通风措施。

（3）如遇有 5 级（含 5 级）以上大风不宜进行动火作业。特殊情况需动火时，应采取围隔措施。

（4）动火作业坑除满足施工作业要求外，应分别有上、下通道，通道坡度宜小于 50°。如对管道进行封堵，封堵作业坑与动火作业坑之间的间隔不应小于 1m。

（5）动火现场的电气设施、工器具应符合防火防爆要求。

（6）动火施工现场 20m 范围内应做到无易燃物，施工、消防及疏散通道应畅通；距动火点 15m 内所有漏斗、排水口、各类井口、排气管、管道、地沟等应封严盖实。

（7）动火作业前，应按方案要求做好所有施工设备、机具的检查和试运，关键配件应有备用。

（8）动火现场消防车和消防器材配备的数量和型号应在动火方案中明确；必要时，动火现场应配备医疗救护设备和器材。

（9）在易燃易爆作业场所动火作业期间，当该场所内发生油气扩散时，所有车辆不应点火启动，不应使用任何非防爆通信、照相器材。只有在现场可燃气体浓度低于爆炸下限的 10%时，方可启动车辆和使用通信、照相器材。

五、动火作业许可管理

（1）按照所批复的动火方案，最终由现场动火指挥在动火前签发动火作业许可证。

（2）动火作业许可证是动火作业现场操作依据，不得涂改、代签。

（3）动火作业许可证的期限要求如下：

① 动火作业许可证签发后，动火开始执行时间不应超过 2h。

② 在动火作业中断后，动火作业许可证应重新签发。

（4）动火作业许可证的期限应按动火方案确定的动火作业时间，如果在规定的动火作业时间内没有完成动火作业，应办理动火延期，但延期后总的作业期限不宜超过 24h；对不连续的动火作业，则动火作业许可证的期限不应超过一个班次（8h）。

六、动火作业现场管理

（1）动火作业现场应按动火方案规定的数量、地点及型号，配备消防车和消防器材。

（2）现场作业、监护和监督工作人员应穿戴符合安全要求的劳动防护用品。

（3）成品油管道动火作业前，作业坑内应铺加防渗膜（布），防止油品渗漏；成品油管道动火作业应准备储油囊，用于存储排出的油品，避免油品污染环境。

（4）动火作业前，现场指挥应组织有关人员按照批复后的动火方案进行动火现场准备工作和安全检查，并填写动火作业前现场检查表，检查完成后经现场指挥批准方可动火。

（5）动火作业时，动火审批单位和动火申请单位的管理人员应到动火现场进行监督；动火作业单位应有专人负责动火现场监护，并在动火方案中予以明确。

（6）动火作业人员应：

① 具备相应的资质等级，持证上岗。

② 按动火作业许可证上签署的任务、地点、时间作业。

③ 动火作业前按规定摆放动火设备，并确认各项安全措施符合要求。

④ 熟悉应急预案，掌握应急处理方法。

（7）监护人职责：

① 应熟知动火方案内容和输油气生产，并能协助处理异常情况。

② 应及时纠正违章或制止作业。

③ 应佩戴明显的标志，并配备专用安全检测仪器，坚守岗位。

（8）如果动火作业中断超过 30min，继续动火前，动火作业人、动火监护人应重新确认安全条件。

（9）动火施工现场设明显的标志，并设定范围。与动火施工无关的人员不准进入现场，非施工车辆应远离现场。

（10）动火作业结束后，现场指挥、动火监护、监督应按动火方案内容对动火现场进行全面检查，指挥清理作业现场，解除相关隔离设施，动火监护人留守现场并确认无任何火源和隐患后，动火申请人与批准人在"动火作业许可证"的"关闭"栏签字。

第六章

事故事件与应急处置

第一节　事故事件

一、概念

（一）事故

事故是指造成人员受伤、疾病、死亡或环境污染、财产损失的意外情况。

（二）事件

事件是指未造成人员受伤、疾病或环境污染、财产损失，但被识别出具有潜在可能造成人员受伤、疾病和环境污染、财产损失的事件；或造成人身伤害轻微、环境污染较小、经济损失较少的事件。

（三）四不放过

四不放过是指事故原因未查明不放过，责任人未处理不放过，整改措施未落实不放过，有关人员未受到教育不放过。

二、事故事件分类分级

（一）生产安全事故分类分级

生产安全事故按类别分为：工业生产安全事故、道路交通事故、火灾事故。

（1）工业生产安全事故，是指在生产场所内从事生产经营活动中发生的造成企业员工和企业外人员人身伤亡、急性中毒或者直接经济损失的事故，不包括火灾事故和交通事故。

（2）道路交通事故，是指企业车辆在道路上因过错或者意外造成的人身伤亡或者财产损失的事件。

（3）火灾事故，是指失去控制并对财物和人身造成损害的燃烧现象。

按照《中国石油天然气集团公司生产安全事故管理办法》规定，生产安全事故的等级见表6-1。

表6-1 生产安全事故等级

事故等级	死亡人数	重伤人数（包括急性工业中毒）	轻伤人数	直接经济损失
特别重大事故	30人以上	100人以上	—	1亿元以上
重大事故	10人以上，30人以下	50人以上，100人以下	—	5000万元以上，1亿元以下
较大事故	3人以上，10人以下	10人以上，50人以下	—	1000万元以上，5000万元以下
一般事故A级	3人以下	3人以上，10人以下	10人以上	100万元以上，1000万元以下
一般事故B级	—	3人以下	3人以上，10人以下	10万元以上，100万元以下
一般事故C级	—	—	3人以下	1000元以上，10万元以下

注：（1）表中"以上"包括本数，"以下"不包括本数。

（2）死亡人数、重伤人数（包括急性工业中毒）、轻伤人数和直接经济损失等四项指标之间为"或"的关系。

（二）环境污染事故分类分级

环境污染事故按类别分为：突发水环境污染事故、突发有毒气体扩散事故、陆上溢油事故、危险化学品及废弃化学品污染事故、生态环境破坏事故、辐射事故六类。

按照《中国石油天然气集团公司环境事件管理办法》规定，环境污染事故等级分为：特别重大环境事故、重大环境事故、较大环境事故和一般环境事故。

（三）质量事故分级

根据《中国石油天然气集团公司质量事故管理规定》，质量事故分为四级：特大质量事故、重大质量事故、较大质量事故和一般质量事故。

（四）事件分类

事件分类包括：工业生产安全事件、道路交通事件、火灾事件、质量事件、环境事件、职业健康事件、其他事件和未遂事件。

（1）工业生产安全事件：在生产场所内从事生产经营活动时发生的造成人员轻伤以下或直接经济损失小于1000元的情况。

（2）道路交通事件：企业员工驾驶的车辆在道路发生的人员轻伤以下或直接经济损失小于1000元的情况。

（3）火灾事件：在企业生产、办公以及生产辅助场所发生的意外燃烧或燃爆事件，造成人员轻伤以下或直接经济损失小于1000元的情况。

（4）质量事件：原料、产品的轻微不符合和工程质量方面的不符合但不构成质量事故的事件。

（5）环境事件：非计划性的向大气、土壤和水体排放但影响轻微的事件、环境检测超标的事件。

（6）职业健康事件：由于职业危害因素导致员工职业健康体检发现结果超出正常标准的情况。

（7）其他事件：上述事件以外，造成人员轻伤以下或直接经济损失小于1000元的情况，包括资产失效、工艺偏差等。

（8）未遂事件：已经实际发生但没有造成人员伤亡、财产损失和环境污染等后果的情况。

三、事故事件上报

所有事故不论大小都应该及时逐级上报。鼓励、倡导所有员工积极呈报各类事件，任何主动报告的事件，当事人均不受任何指责和处罚，对于呈报人公司还应给予表扬和一定的物质奖励。

（一）事故报告方式

（1）初步报告：事故发生之后应及时以口头报告或事故快报形式报告（使用事故快报作为初步报告时，必须同时以电话的方式确认收报人已经收到事故初步报告）。

（2）事故补报：事故初步报告后出现了新情况，应及时补充报告。自事故发生之日起30日内，事故造成的伤亡人数发生变化的，应当及时补报。道路交通事故、火灾事故自发生之日起7日内，事故造成的伤亡人数发生变化的，应当及时补报。

（3）事故汇报：事故基本情况调查完成后以书面形式向上级进行的汇报。事故发生10日之内，事故单位应向上级正式汇报。

（二）事故汇报的基本内容

（1）事故发生单位概况；

（2）事故发生的时间、地点以及事故现场情况；

（3）事故的简要经过；

（4）事故已经造成或者可能造成的伤亡人数（包括下落不明人数）和初步估计的直接经济损失；

（5）已经采取的措施；

（6）其他应当报告的情况。

（三）事故上报流程

当发生事故（包括作业场所内的承包商事故），事故单位应按表6-2的方式上报。当发生事件（包括作业场所内的承包商事件），事件单位应按表6-3的方式上报。

表6-2　事故上报流程及方式

流程		报告给谁	如何报告	什么时间报告	负责人
公司内部事故报告流程		站场负责人	口头	立即	事故当事人/发现人员
		上级调度	口头	立即	站值班人员
		二级单位负责人	口头	立即	站场负责人
			事故快报	尽快	
		二级单位安全科科长	口头	立即	
		地区公司质量安全环保处、职能处室	口头	立即	二级单位安全科和职能科室
		地区公司主管副总经理	口头	立即	二级单位负责人
		总经理办公室/质量安全环保处/其他相关职能处室	口头	立即	
			事故快报	尽快	
		地区公司总经理/主管副总经理	口头	立即	地区公司职能处室处长
地方相关部门	火灾事故	地方消防部门	口头	立即	二级单位负责人或委托人
	交通事故	地方交管部门	口头	立即	二级单位负责人或委托人
	一般A级及以上事故	地方有关监管部门（安监、环保、质监）	口头	立即	所属单位负责人或委托人

表6-3　事件上报流程及方式

流程	报告给谁	如何报告	什么时间报告	负责人
公司内部事件报告流程	站场负责人	口头	立即	事件当事人/发现人员
	二级单位负责人	口头	立即	站场负责人
		事件快报	尽快	
	二级单位安全科科长	口头	立即	
	地区公司质量安全环保处	事件快报	48h内	二级单位安全科
	地区公司职能处室	事件快报	48h内	二级单位职能科室

第二节　应急预案

一、应急预案编制要求

按照《生产安全事故应急预案管理办法》（安监总局令第88号）等法规，以及2016

年国家油气管网领域应急预案优化成果、集团公司总的应急预案体系架构相关要求，集团公司及所属企业应当针对可能发生的突发事件，编制突发事件总体应急预案、生产安全综合应急预案、专项应急预案和现场处置方案。

应急预案的编制应满足科学、实用、简明、可操作的基本原则，所针对的突发事件类型应涵盖自然灾害、事故灾难、公共卫生和社会安全四个类别。

二、应急预案体系内容

油气长输管道突发事件应急预案体系通常包括总体应急预案、综合应急预案、专项应急预案和现场处置方案。为便于生产安全事故类应急预案的使用，有效应对生产安全事故，管道企业应在应急预案的基础上，针对工作岗位的特点，编制简明、实用、有效的应急处置卡。

1. 总体应急预案

总体应急预案是应急预案体系的纲领性文件，主要从总体上阐述处理突发事件的应急工作职责和应急响应程序，为各级综合应急预案、专项应急预案、现场处置方案的编制与管理提供指导原则和总体框架，主要包括突发事件分类分级、应急预案体系、应急组织机构及职责、预警及信息报告、应急响应、信息公开、后期处置、保障措施以及应急预案管理等内容。

2. 综合应急预案

综合应急预案是总体应急预案的支持性文件，为应对各种生产安全事故而制定的工作方案，用于指导生产安全事故的应急响应、处置等工作，主要包括生产安全事故类应急预案体系、事故风险描述、应急组织机构及职责、应急响应、后期处置、保障措施等内容。

3. 专项应急预案

专项应急预案是总体应急预案的支持性文件，主要针对某一类或某一特定的突发事件，或者重要生产设施、重大危险源、重大活动等内容的突发事件应急处置而制定的专项性工作方案。专项应急预案应重点强调专业性，根据可能的突发事件类型和特点，明确相应的专业指挥机构、响应程序及针对性的处置措施。

针对识别出的重大生产安全事故风险，管道企业应在编制生产安全事故综合应急预案的基础上增加编制有针对性的生产安全事故类专项应急预案。

4. 现场处置方案

现场处置方案是针对具体的场所、装置或者设施，根据不同自然灾害或生产安全事故类型所制定的应急处置措施。现场处置方案重点规范基层单位的险情排除和先期处置，应体现自救互救、信息报告和先期处置特点。

三、应急预案演练实施

分公司级应急预案演练每半年至少开展一次，基层站队级应急预案每季度至少开展一次。演练应采取模拟和实战相结合的方式进行，可以根据情况邀请地方政府、相关企业共同开展联合应急演练，并组织基层站队人员进行演练观摩。演练结束后，演练组织部门或单位应对演练效果进行评估，编制演练评估报告，分析存在的问题，并对应急预案提出修订意见。

应急预案演练评估主要内容包括：演练的执行情况，预案的合理性与可操作性，指挥协调和应急联动情况，应急人员的处置情况，演练所用设备装备的适用性，对完善预案、应急准备、应急机制、应急措施等方面的意见和建议等。

第三节　应急处置

由于原油、成品油、天然气管道输送压力高，输送介质易燃易爆，管道路由特殊，距离长，管道沿线地质、地形、气象、水文、社会、人文条件复杂等特点，在生产经营过程中，存在管道泄漏、火灾爆炸、生产设备故障、供电中断、急性职业中毒（窒息）等重大风险。输油气站场是应对事故先期处置的责任主体，在应急处置初期，站场值班领导、班组长和调度人员有直接处置权和指挥权，在遇到险情或事故征兆时可立即下达撤人命令，组织现场人员及时、有序撤离到安全地点，减少人员伤亡。

事故发生后，输油气站场应立即启动应急响应，由事发现场最高职位者担任现场指挥员，在确保安全的前提下采取有效措施组织抢救遇险人员及疏散周边人员、进行可燃气体检测、封锁危险区域、实施交通管制，防止事态扩大。当事态超出站场应急能力或无法得到有效控制时，应立即向上级单位请求实施更高级别的应急救援，听从上级单位安排。

现场应急指挥组到达现场后，接管事发单位现场指挥权，根据现场应急处置工作需要，开展警戒疏散、医疗救治、现场检测、技术支持、工程抢险和环保措施等方面的工作，并及时向应急领导小组汇报应急处置情况。

根据长输管道特点和风险分析，输油气站场及管道典型事故现场应急处置要点及安全注意事项如下。

一、输油气站场现场应急处置

（一）储油罐火灾爆炸应急处置操作要点

（1）确认着火油罐，启动油罐消防系统；

（2）报内、外线 119 火警，有人员伤亡拨打 120 急救电话；

（3）汇报上级调度、值班干部（站领导），并通知各岗位，按调度令进行流程操作；

（4）站控室示警，告知站内无关人员撤出站区，如有必要告知周边居民撤离；

（5）停运着火油罐，关闭罐进出口阀；

（6）停运相邻油罐收发油作业；

（7）采取措施控制泄漏油品和事故废液蔓延，启动应急油水收纳系统；

（8）对事故附近存在的易燃物品采取搬离或防火措施；

（9）进行外围引导后续救援力量；

（10）应急救援后，加强巡检防止残油复燃。

（二）炉类设备火灾爆炸应急处置操作要点

（1）紧急停事故炉，关闭炉进出口阀门；

（2）直接炉着火时，应关闭事故炉烟道挡板，启动氮气灭火系统，并检查氮气覆盖系统压力；

（3）报内、外线119火警，有人员伤亡拨打120急救电话；

（4）汇报上级调度、值班干部（站领导），并通知各岗位，按调度令进行流程操作；

（5）站控室示警，告知站内无关人员撤出站区，如有必要告知周边居民撤离；

（6）停运炉燃料系统，关闭燃料油泵进出口阀；

（7）停全部运行炉；

（8）对事故附近存在的易燃物品采取搬离或防火措施；

（9）如冬季长时间停用，排放热力管网热水；

（10）进行外围引导后续救援力量。

（三）变电所火灾爆炸应急处置操作要点

（1）迅速切断故障点电源和故障点上一级电源；

（2）使用二氧化碳灭火器扑救初期火灾；

（3）报内、外线119火警，有人员伤亡拨打120急救电话；

（4）汇报上级调度和电力调度、值班干部（站领导），并通知各岗位，按调度令进行流程操作；

（5）站控室示警，告知站内无关人员撤出站区，如有必要告知周边居民撤离；

（6）对事故附近存在的易燃物品采取搬离或防火措施；

（7）进行外围引导后续救援力量。

（四）变电所失电应急处置操作要点

（1）运行人员根据现场信号和监控记录，判明是外线路停电还是内部原因停电；

（2）如外线路停电，立即电话询问上级电业调度停电原因及送电时间，切断站内负荷侧所有开关，并做好恢复送电准备；

（3）如内部原因停电，立即切断站内负荷侧所有开关；

（4）汇报上级调度和电力调度、值班干部（站领导），并通知各岗位，按调度令进行流程操作。

（五）储油罐浮盘倾斜沉没应急处置操作要点

（1）关闭事故罐中央排水罐排水阀，停用事故罐；

（2）汇报上级调度、值班干部（站领导），并通知各岗位，按调度令进行流程操作；

（3）停运事故罐伴热；

（4）进行外围引导后续救援力量。

（六）储油罐冒顶漏油应急处置操作要点

（1）发现储油罐冒顶后，紧急倒罐，阻止事故罐继续进油；如有条件，采取措施降低事故罐罐位；

（2）汇报上级调度、值班干部（站领导），并通知各岗位，按调度令进行流程操作；

（3）切断事故罐周边非防爆电源；

（4）检查确认罐区防火堤排水阀处于关闭状态；

（5）进行外围引导后续救援力量。

（七）生产区油品泄漏应急处置操作要点

（1）紧急停运相关设备，隔离泄漏设备、管段；

（2）当泄漏量较小、现场能处置时，立即进行流程操作，切换备用设备；

（3）当泄漏量较大、难以及时查明泄漏部位时，启动紧急停输装置；

（4）汇报上级调度、值班干部（站领导），并通知各岗位，按调度令进行流程操作；

（5）关闭站区雨水、污水等外排水总阀门；

（6）进行外围引导后续救援力量。

（八）站内工艺设备设施天然气泄漏应急处置操作要点

（1）发现少量天然气泄漏，关闭泄漏点上下游阀门，切换流程，将泄漏管段放空；

（2）发现大量天然气泄漏，启动紧急停输装置，切断站区非防爆电源；

（3）汇报上级调度、值班干部（站领导），并通知各岗位，按调度令进行流程操作；

（4）站控室示警，告知站内无关人员撤出站区，如有必要告知周边居民撤离；

（5）进行外围引导后续救援力量。

（九）输油气站场应急处置操作安全注意事项

（1）运行人员如发现现场失控或危及自身安全，及时撤离现场；

（2）在事故区域设置安全警戒，划定隔离区，防止次生事故发生；

（3）进行可燃气体浓度检测，进入现场设备必须防爆；

（4）现场人员必须站在油气着火点、泄漏点上风处；

（5）戴好空气呼吸器，防止油气中毒；正压式空气呼吸器低压报警时，必须撤离泄漏现场；

（6）锅炉爆炸会有大量蒸汽或热水外溢，穿戴好隔热劳动防护用具，防止烫伤；

（7）扑救初期火灾时应选用干粉或二氧化碳灭火器；

（8）着火后电气装置可能仍然带电，进入危险范围内必须穿绝缘靴，戴绝缘手套，要根据电压等级选择相应验电器进行验电。

二、输油气管道现场应急处置

（一）管道一般段油品泄漏应急处置操作要点

（1）接报后，立即汇报上级调度、值班干部（站领导），申请停输，按调度令进行流程操作；

（2）密切监视泄漏管线的各项参数，记录事件相关信息；

（3）关闭泄漏点上、下游阀室截断阀；

（4）采取就地取土等方式进行初期围油处置，挖掘集油坑，铺防渗布，将原油引导至集油坑；

（5）当油品泄漏在人口密集区，应立即进行人群疏散；

（6）进行外围引导后续救援力量。

（二）管道穿越河流油品泄漏应急处置操作要点

（1）接报后，立即汇报上级调度、值班干部（站领导），申请停输，按调度令进行流程操作；

（2）密切监视泄漏管线的各项参数，记录事件相关信息；

（3）关闭泄漏点上、下游阀室截断阀；

（4）利用现场附近的树木、稻草等抛投至河道中进行油品围堵以减缓油品扩散速度和范围；

（5）进行外围引导后续救援力量；

（三）站外天然气管道泄漏应急处置操作要点

（1）接报后，立即汇报上级调度、值班干部（站领导），申请停输，按调度令进行流程操作；

（2）密切监视泄漏管线的各项参数，记录事件相关信息；

（3）关闭泄漏点上、下游阀室截断阀；

（4）如泄漏点为人口密集区，立即向当地政府、企事业单位及派出所报告，请求协助组织紧急撤离；

（5）进行外围引导后续救援力量。

（四）输油气管道应急处置操作安全注意事项

（1）现场人员如发现现场失控或危及自身安全，及时撤离现场；

（2）在事故区域设置安全警戒，划定隔离区，防止次生事故发生；

（3）进行可燃气体浓度检测，进入现场设备必须防爆；

（4）现场必须进行烟火管制和交通管制；

（5）水域周围人员穿戴救生衣，防止出现人员落水、溺水。

三、其他事故现场应急处置

（一）急性职业中毒（窒息）事故

1．应急处置操作要点

（1）发现有人员出现急性职业中毒（窒息）时，立即报告值班干部（站领导）；

（2）拨打 120 急救电话；

（3）佩戴空气呼吸器，迅速将中毒（窒息）人员由危险区域撤离至新鲜空气处，由站场急救员对伤者进行适当急救，等待专业医护人员到来。

2．安全注意事项

（1）严禁盲目施救；

（2）使用前确认正压式空气呼吸器气密性完好，且低压报警时必须撤离救援现场；

（3）进行现场警戒和气体浓度检测。

（二）道路交通事故

1．应急处置操作要点

（1）立即停车熄火，开启危险报警灯，在来车方向道路上放置三角警示架；

（2）事故现场如果有人员受伤，立即拨打 120 急救电话，可能的情况下对伤员进行急救；

（3）立即向站领导汇报，并报交警 122 和保险公司，保护事故现场；

（4）配合交警进行现场勘查取证及路面交通恢复工作。

2．安全注意事项

（1）在高速公路上发生事故时，应将人员疏散到车前 150m 的高速公路以外区域；

（2）正确进行包扎止血、骨折固定、心肺复苏、人工呼吸等抢救方法，防止造成次生伤害。

四、应急抢险救援现场安全措施

（一）可燃气体监测探边

人口密集区发生油气泄漏，必须采取地上探边，排查泄漏途径，油气管道与市政管网交叉点段发生泄漏时，还应进行地下探边和沟井管道探边。

（1）地上探边：根据地上燃气浓度检测结果，查找划定达到爆炸下限 10% 的边界和燃气浓度为 0% 的边界。地上探边包括相关的建筑物、停靠车辆等内部。

（2）地下探边：在相关区域，通过地下钻孔等方法，检测地下的油气浓度，查找并划定达到爆炸下限 10% 的边界和燃气浓度为 0% 的边界。

（3）沟井管道探边：查找相关区域内的上水、下水、暖气、电力、电信等全部阀井，检测井内的燃气浓度，对发现有油气浓度的井，应沿敷设管道向外扩展探测，查找油气窜气蔓延的边界。发生燃气不明泄漏，对敷设有套管的管道井应特别关注。

（二）人员疏散、封锁和警戒

（1）泄漏事故发生后，第一时间向附近企事业单位及居民通报事故信息，告知其紧急撤离至疏散点。

（2）根据泄漏点周边地下市政管网交叉情况和人口密集情况，将检测探边结果向地方政府汇报，配合地方政府通过广播、电视、电话和高音喇叭等方式将危险区域内的居民从家中或营业场所向上风向方向疏散。

（3）根据可燃气体监测探边结果，在燃气浓度为 0%的边界应实行外围警戒，在油气浓度达到爆炸下限 10%的边界和抢险施工范围应实行危险区域警戒。外围警戒应布置警戒带及危险标识、实施燃气浓度检测监控、采取禁入措施，危险区域警戒还应做好现场防火防爆措施。

（三）危险区域现场防火防爆措施

（1）危险区域实施燃气浓度检测监控、风向监控，入口设置静电释放装置；

（2）危险区域关闭所有的火源、手机及电气设备直至事故处理结束；

（3）抢险作业现场使用防爆灯具、防爆工具和防爆设备；

（4）抢险施工作业时可燃气体报警仪报警时，严禁作业，查明原因采取措施，并做好强制通风；

（5）严禁明火，严禁无关人员和车辆进入现场。

第七章

典型事故案例

案例一 油品泄漏环境污染事故

一、事故经过

2008 年 7 月 25 日，某维抢修单位承担的某管道封堵动火施工，凌晨 1 时 25 分，在完成两侧盘式封堵孔开孔后，继续开中间的两个囊式封堵孔，当开孔中心钻刚钻透管壁时，封堵三通与夹板阀连接法兰处发生油品泄漏（此时，管道运行压力为 6.5MPa）。经过 1h 多的抢修，泄漏得到了控制。但泄漏的部分油品通过作业坑和管道伴行路的缝隙渗入施工现场旁边的河流中，造成河水局部污染。

二、原因分析

（1）开孔前未按规定要求进行试压，施工单位作业人员现场操作不当，对封堵三通与夹板阀连接处法兰螺栓紧固不均匀，法兰垫片（石棉垫）使用不合理，导致法兰结合部位泄漏。

（2）施工单位对作业过程的风险识别、控制不够，缺乏现场应急措施。

三、经验教训

（1）发生泄漏后在河道上用稻草、拦油栅拦截水面油花，组织人员用撇油器、吸油毡进行油品回收，减少对环境的污染。

（2）严格审查施工方案，充分识别施工过程的风险和隐患，制定应急预案，配齐应急物资和器具。

（3）严格开工前机具设备检查，加强对施工单位现场管理和协调力度，尤其是对多工序间的衔接应进行严格检查确认，杜绝设备设施带病运作。

案例二　油罐火灾爆炸事故

一、事故经过

2013 年 6 月 1 日,某石化公司某车间设备主任邓某安排设备员李某下达 939#罐仪表维护小平台板更换、消防水线加导淋作业票。李某和施工单位施工人员到现场确认后,为其办理了 939#罐施工作业票。9 时左右,监护人邵某到 939#罐顶时,闻到罐顶气味较大,将罐区工艺员韩某叫到罐顶进行确认,韩某确认罐顶气味较大,并发现罐顶呼吸阀没有加盲板,即告知施工单位现场施工人员不加盲板不得动火作业。因施工单位未及时清理 5 月 31 日在该车间作业现场遗留的杂物,安全员王某告知该公司施工人员停止其在小罐区的所有动火作业,故当日办理的 939#罐更换维修仪表小平台板的动火作业许可证未下发,当天未进行 939#罐维修仪表小平台板更换作业。

6 月 2 日,安全员王某将 6 月 1 日未下发的 939#罐动火票动火作业有效期改为 6 月 2 日,并安排慈某对 939#罐进行现场动火作业监护。9 时 30 分左右,慈某与王某一起登上 939#罐顶,王某闻到很重的油气味,但无法确定泄漏源,慈某用便携式可燃气体报警器对观察孔处可燃气体浓度进行了检测,王某检查检尺口,并将卡扣卡好后用防火布盖上,确认呼吸阀盲板已加上。因泡沫发生器附近油气味大,随即要求施工单位也将泡沫发生器用黄泥堵上,将仪表小平台护栏用防火布围上。王某将动火票交给慈某,随后离开 939#罐施工现场。10 时 30 分左右,慈某将动火票交给施工单位现场作业人员,施工人员使用气焊等工具对腐蚀的仪表小平台板进行拆除。13 时 40 分,施工单位 4 名作业人员开始 939#罐作业,1 人在罐下清扫地面,1 人在维修仪表小平台铺设新花纹板,2 人在罐顶进行动火作业。14 时 27 分 53 秒(工厂监控视频显示时间),939#罐突然发生爆炸着火,罐体破裂,着火物料在防火堤中漫延(各罐之间无隔堤),罐区防火堤内形成池火。14 时 28 分 01 秒、14 时 28 分 29 秒、14 时 30 分 43 秒,937#罐、936#罐、935#罐相继爆炸着火,造成 4 人死亡,直接经济损失 697 万元。

二、原因分析

(1)施工单位作业人员在罐顶违规违章进行气割动火作业,切割火焰引燃泄漏的甲苯等易燃易爆气体,回火至储罐引起储罐爆炸,是直接原因。

(2)承包商非法分包给没有劳务分包资质的施工单位,以包代管,包而不管,没有对现场作业实施安全管控。

(3)施工单位未能依法履行安全生产责任,未取得劳务分包资质就非法承接项目,企业规章制度不健全,员工安全意识淡薄,违章动火,未对现场作业实施有效的安全管控。

(4)未对承包商资质严格把关,允许施工单位在不具备分包资质的情况下,违规承揽施工作业,而且对承包商施工现场没有严格监管。

（5）储罐区没有设置隔堤，是事故扩大化的主要原因。事故罐区的 8 座储罐共用一个防火堤，而且罐间没有设置隔堤，939#罐爆炸起火后，形成流淌火，导致 937#、936#、935# 储罐相继起火爆炸，事故后果扩大。

三、经验教训

（1）进一步强化动火、进入受限空间等特殊作业的安全管理，严格按照有关规定，严格条件确认、严格作业许可、严格现场监控，确保作业施工安全。

（2）全面加强承包商管理，完善承包商管理规定，明确各级领导、各部门、车间管理对承包商管理职责，坚持对承包商进行资质审查，选择具备相应资质、安全业绩好的企业作为承包商，强化对承包商、分包商施工全过程的安全监管，且要向其进行作业现场安全交底，对承包商的安全作业规程、施工方案和应急预案进行审查。特别是在新建管道、站场改造、线路施工方面可能存在分包现象，更要严格检查，严肃查处。

（3）对照标准规范排查防火堤、隔堤的符合性，对查出的各类隐患和各种问题，要按照事故隐患整改的责任、时限、资金、措施、预案五落实的原则，立即整改或限期整改；对查处的各种问题，要下大力气解决。

案例三 输油管道火灾爆炸事故

一、事故经过

2010 年 7 月 15 日，新加坡石油公司所属 $30×10^4t$ 油轮在向大连国际储运公司原油罐区卸送最终属于中油燃料油股份有限公司（中国石油控股下属子公司）的原油，中油燃料油股份有限公司委托天津辉盛达石化技术有限公司（以下简称辉盛达公司）负责加入原油脱硫剂作业，辉盛达公司安排上海祥诚商品检验技术服务有限公司大连分公司（以下简称祥诚公司）在大连国际储运公司原油罐区输油管道上进行现场作业。所添加的原油脱硫剂由辉盛达公司生产。7 月 15 日 15 时 30 分，油轮开始向原油罐区卸油，卸油作业在两条输油管道同时进行。20 时左右，祥诚公司和辉盛达公司作业人员开始通过原油罐区内一条输油管道（内径 0.9m）上的排空阀，向输油管道中注入脱硫剂。7 月 16 日 13 时左右，油轮暂停卸油作业，但注入脱硫剂的作业没有停止。18 时左右，在注入了 $88m^3$ 脱硫剂后，现场作业人员加水对脱硫剂管路和泵进行冲洗。18 时 08 分，靠近脱硫剂注入部位的输油管道突然发生爆炸，引发火灾，造成部分输油管道、附近储罐阀门、输油泵房和电力系统损坏和大量原油泄漏。事故导致储罐阀门无法及时关闭，火灾不断扩大。原油顺地下管沟流淌，形成地面流淌火，火势蔓延。大火持续燃烧 15h，103 号罐和周边泵房及港区主要输油管道严重烧损，部分原油流入附近海域造成污染。此起事故造成作业人员 1 人轻伤、1 人失踪，在灭火过程中，消防战士 1 人牺牲、1 人重伤。据统计，事故造成的直接财产损失为 22330.19 万元，社会影响重大。

二、原因分析

（1）事故单位没有对所加入原油脱硫剂的安全可靠性进行科学论证，原油脱硫剂的加入方法没有正规设计，没有对加注作业进行风险辨识，没有制定安全作业规程。

（2）原油接卸过程中安全管理存在漏洞。指挥协调不力，管理混乱，信息不畅，有关部门接到暂停卸油作业的信息后，没有及时通知停止加剂作业。

（3）对承包商现场作业疏于管理，现场监护不力。

（4）事故造成电力系统破坏，应急和消防设施失效，罐区阀门无法关闭，是事故扩大的另一原因。

三、经验教训

（1）切实加强港口接卸油过程的安全管理，明确接卸油作业信息传递流程和责任，确保接卸油过程有序可控安全。

（2）加强对采用新工艺、新技术、新材料、新设备的安全论证和安全管理。禁止有氧化剂成分的添加剂作业。需要在装卸油过程中加入添加剂或进行其他作业的，要对添加过程、方法进行安全论证，采取针对性的防范措施，确保安全。

（3）加强对承包商和特殊作业安全管理，严禁以包代管，包而不管，杜绝"三违"现象。

（4）做好应急管理和事故应对与处置能力。进一步排查管道、储罐的阀门系统，确保事故事件发生后能够有效关闭。

案例四 管沟塌方亡人事故

一、事故经过

2011 年 9 月 8 日，某工程公司在某管道光缆整改工程施工作业时，违反施工方案中人工开挖深度 1.2m 的要求，在未经相关部门允许的情况下，避开输油站的监管，私自采用机械施工，而且下挖深度过深（达到 2.5m）造成管沟塌方，两名在沟底进行测量的施工人员被埋，造成一死一伤。事故发生后，输油站会同地方政府相关部门进行了事故处置，地方安监部门对事故进行了调查，并给出了责任认定。由于输油站认为该事故已经处理完毕，责任全部由施工单位承担，因此未及时上报，造成了对该起事故的迟报。

二、原因分析

（1）施工场地为斜坡填土方形成，本身土质就较为松散，加之连日下雨，容易塌方。

（2）施工方违章施工，在未办理挖掘作业许可手续的情况下，擅自开工，挖掘深度过深，无放坡、无支护。现场管理和施工人员安全意识缺乏，没有及时发现险情，在现场不具备安全条件的情况下，进入管沟进行相关活动。

（3）施工承包商管理存在漏洞。未选择有合格准入资质的承包商，未开展"作业风险评估"和"承包方资格预审"。

（4）HSE作业计划书编制及审批存在漏洞，风险识别不充分。该工程由于工程量小，HSE作业计划书未随主合同在系统内流转审批，风险识别不充分，没有土方坍塌及防范的相关内容。

（5）站队管理人员对相关体系文件理解不到位，安全管理存在漏洞。在实际挖掘作业过程中未严格执行许可管理的要求，未到现场进行许可条件确认，许可证签发错误，应由站长签发却由兼职安全员签发。

三、经验教训

（1）加强承包商管理，严格执行《承包商HSE管理规定》，严把承包商"五关"，认真落实承包方HSE管理"六个环节"的具体要求，加强监督抽查，严格承包方检查考核和退出机制。

（2）完善管理体系文件，加强管理体系文件的培训和执行。加强站外施工、监护人员的安全教育，严格执行作业许可管理规定。

（3）细化风险识别，严格施工方案审查，加强施工关键环节的过程控制，落实控制措施，确保不流于形式。

（4）及时上报事故事件，严肃查处迟报、瞒报行为。严格执行公司《事故事件管理规定》，及时、准确地上报各类事故事件（包括承包商事故）信息，对瞒报事故的相关责任人员进行严肃处理。

案例五　吊车机械伤害亡人事故

一、事故经过

2011年4月7日，某抢修单位进行某管线三通阀切除动火前准备工作，中午12时现场人员指挥吊车吊运液压站，之后吊车熄火，吊车操作手在吊车操作室等待。12时17分，现场人员又指挥吊车吊运切管用冷却水箱，在这两次吊车作业的空隙，现场施工人员于某坐到了吊车右后支腿的水平缸上，未被人发现，此位置属吊车操作室的观察盲区，吊车操作手再启动并鸣笛后开始旋转吊车作业，在向左旋转50°左右时，驾驶员感到有轻微的阻力，并听到有人喊叫，随即停止操作。这时现场人员发现于某已经脸朝车尾方向倒地，头部出血，安全帽破碎，并有手机摔在地上。现场人员立即用车将其送到医院进行紧急抢救，12时37分，于某经抢救无效死亡。

二、原因分析

（1）现场施工人员安全意识不强，于某擅自进入危险区域休息，且边休息边玩手机，注意力分散。现场监护人员未能及时发现、制止。

（2）吊车司机及指挥人员未对周边环境进行有效巡查就开始了吊装作业。

（3）吊装作业许可执行不到位，各项安全措施未得到有效落实。"吊装作业许可证"作业内容描述与现场实际工作不符，现场未按要求设置警告标志，没有执行《吊装作业安全管理规定》起重机吊臂回转范围内应采用警戒带或其他方式隔离的要求，控制措施不力。

（4）未进行有效的安全教育和培训。一是对员工安全教育与安全培训不到位，日常及作业前教育培训走过场，针对性不强，作业人员安全意识、风险意识淡薄。二是现场管理单位对施工单位作业人员入场教育不到位，未严格执行《进站安全管理规定》。

（5）承包商现场监管不到位，未能及时发现漏洞。公司体系文件中"承包方开工前 HSE 检查清单"和"作业现场 HSE 检查清单"中明确有"吊车和起重的转动半径应有保护"等要求，但由于施工现场管理单位监管不到位，未能及时发现并堵塞漏洞。

三、经验教训

（1）修订完善体系文件，确保在实际工作中的可操作性。完善许可作业文件，明确"午休中断作业后恢复作业的条件，无人监督不得进行许可作业"等相关要求。

（2）加强监督检查，强化体系文件执行力。重点加强对《作业管理许可程序》《承包商 HSE 管理规定》《作业安全分析管理规定》等体系文件执行情况的监督检查，真正实现写和做的严格统一。

（3）加强工程施工全过程监督管理，从方案审查、动火准备、施工过程监护（督）及施工恢复等各个环节入手，加强作业风险分析，落实各项安全防范措施，确保全过程无漏洞、无监管盲区。

（4）加强有效监管，提高对承包商的制约力。从承包商准入环节增加对其安全管理能力评分的比重，充分行使安全一票否决权。作业过程中加强全过程的安全监管，期间可按合同规定，对不符合安全要求、质量要求的作业提出整改通知单，扣除相应安全风险抵押金，直至清除出场。

（5）有针对性加强各级安全人员的培训，考核合格方可履行安全管理职能。

案例六　电弧灼伤事故

一、事故经过

2007 年 7 月 24 日上午，某公司输油站电工班安排某电工打扫发电机房及低压配电室卫生。在发电机房门窗、地面及发电机本体清扫完后，对低压配电室进行清扫，此时由该电工操作，另一人监护，9 时 20 分，在清扫低压配电盘内供电回路的空气开关浮尘时，清扫所用毛刷的金属部分碰到带电部位，造成线路短路，该电工的右手、小臂、颈部及面部被电弧灼伤。

二、原因分析

（1）作业人员违反了《电业安全工作规程》和"岗位作业指导书"的有关规定，在进行低压带电清扫作业时使用了带有金属物的毛刷且碰到了带电部位；

（2）作业人员未断电清扫，作业时未按要求穿工作服、戴电工绝缘手套、电工安全帽等防护用品；

（3）监护人未履行监护职责，对违章作业未能及时纠正。

三、经验教训

（1）加强电气作业和其他作业过程的风险管理。组织开展危险作业风险识别活动。排查电气设备、用具、作业过程等存在的风险和隐患，制定有效的防范措施。

（2）电气作业要严格执行《电业安全工作规程》的规定，加强岗位员工专业技能的考核，确保上岗人员的基本素质要求。

（3）定期检验电气作业使用的绝缘手套、靴和各种用具，并做好记录。禁止使用过期、失效的电气用品和用具。

案例七 交通事故

一、事故经过

2013 年 2 月 25 日凌晨 4 时 50 分，某公司外聘驾驶员刘某在外市某饭店饮酒后，驾车返回宾馆的途中，将两名环卫工人撞倒，致使一人当场死亡，事发后刘某驾车逃离事故现场，后经人劝说于 25 日 9 时自首。该起交通事故经交警部门认定，驾驶员刘某酒后驾车且在发生事故后驾车逃逸，负此次事故的全部责任。

二、原因分析

（1）驾驶员刘某醉酒驾驶机动车辆导致事故发生。

（2）交通安全管理松懈，安全教育培训流于形式，长途车安全管理存在漏洞，风险识别不到位，长途任务的带车人、驾驶员的安全意识和法制观念淡薄。

（3）没有按照公司统一要求，每月对车辆交通安全检查情况进行通报。监督力度不够、违章处理不严肃，致使个别驾驶员安全法律观念淡薄。

（4）带车人员违反《交通安全管理程序》"用车单位的带车人有责任监督驾驶员安全驾驶，有权纠正驾驶员违法和违章违纪行为"的要求，没有对驾驶员刘某醉酒驾车、夜间行车、疲劳驾驶等违法、违章行为进行制止。事故发生后未及时救治伤者，致使事故向更为恶劣的方向发展。

三、经验教训

（1）开展"百日交通安全专项整治"主题活动。一是提高各级领导对交通安全重要性的认识；二是提高车管人员、司乘人员遵章守纪自觉性；三是对车辆技术性能进行一次全面的检查；四是开展对租赁车辆及外雇驾驶员的摸底排查和考核工作，清退存在较大隐患车辆及考核不合格的驾驶员。

（2）加强员工《中华人民共和国道路交通安全法》、体系文件《交通安全管理程序》的培训学习，提高遵法守纪的执行力。

（3）公司、分公司、站队各级 GPS 监控系统检查通报内容中，增加疲劳驾驶、非正常夜间行车内容。

案例八　管道挤压变形事故

一、事故经过

2009 年 8 月，某输油分公司巡线人员发现在管道附近有铺设输水管道的施工作业，于是现场确定并标注了管道位置和埋深，给施工单位发放"安全告知书"。9 月 8 日 20 时 53 分，分公司综合调度发现管道泄漏监测系统显示大港至沧州段压力异常变化，经过检测，判断输油管道已受损。9 月 12 日开始对施工段管道进行开挖验证，确定输油管道已经被挤瘪。9 月 13 日开始抢修，经过连日抢修，9 月 15 日 20 时 28 分管道封堵换管作业抢修焊接完毕。

二、原因分析

（1）输水管道采用定向钻穿越管道施工中，产生了位置偏差，挤瘪了输油管道。

（2）在输水管道施工作业方案中对输油管道的安全保障措施不完善，输水管道施工方安全意识淡薄，委托无专业资质的施工单位承担管道穿越工程。

（3）该管道采用弹性敷设穿越了排水渠和公路，埋深相对于其他管段较深，输水管道又穿越该管道，造成两管道垂直距离相对较小。

（4）对第三方定向钻穿越管道的认识不足，没有对施工失误损害管道进行风险辨识。

三、经验教训

（1）加强管道管理人员基本知识培训，提高基本功，举一反三，合理选择管道与其他设施交叉的地点与处理方案，充分识别风险，严格审查并妥善解决其他设施与管道相互交叉的处理方案。

（2）修改完善公司《油气管道运行管理与维护规程》，从穿越地点的选择、穿越方案的审查、控制措施的保证、现场监护的手段作出规定，做到有据可依。

（3）应进一步完善应急预案，将当地水利、土方施工等社会依托资源纳入应急预案当中。抢修管道处在高地下水位的塌方、透水段情况时，抢修现场条件恶劣，应急预案中应充分考虑塌方、透水处理措施以及社会依托资源。

（4）应根据实际情况认真梳理抢修设备类型，有针对性地进行配备应急抢险机具设备。更换管段焊接时，应充分考虑管道内检测存在多次的磁力清管，管体带有磁性，要配备相应的消磁设备，确保抢修焊接的顺利进行。在割管作业中，伴行的光缆套管与管道距离太近，爬行割管机则不能通过，维修队应配备必要的适用于小空间作业的锯管或手动割管设备。

案例九　高空坠落亡人事故

一、事故经过

2008 年 8 月 25 日，某防腐公司对某输油站 1213 号储油罐进行罐体内部防腐作业。15 时左右完成罐拱顶内表面最后一道漆的作业。16 时 30 分施工项目经理和现场监理完成施工质量检查后，当日作业完成，施工队长安排刷漆人员返回驻地休息。作业人员返回途中，防腐工人牛某发现有个人物品（玉坠）遗落在脚手架上，返回拿取。16 时 40 分，牛某回到 1213 号罐，并沿着罐外扶梯上到罐顶，从罐顶透光孔进入罐内。16 时 50 分在罐外防火堤内进行检查收尾工作的张某、刘某听到罐内有异响，进入罐内查看时，发现牛某已跌落至罐底。后经抢救无效死亡。

二、原因分析

（1）作业现场保护措施不完善。脚手架作业平台四周没有按规定安装防护围栏、挡脚板，下方也未按规定架设安全网。现场作业结束后未对储油罐进行封孔锁定。

（2）当事人在未经允许、无人监护、现场光线昏暗的情况下，未佩戴安全带等防坠措施，擅自进入罐内高空作业现场。

（3）施工作业方案中对风险识别不充分，风险预防和控制措施不完善，针对性不强。工程存在违规分包，分公司未对施工作业人员的资质和能力进行严格把关。

（4）现场监理人员未严格履行监理职责，对违规分包、人员资证不全、现场安全防护设施设置不足等问题未严格监督并提出整改要求。

三、经验教训

（1）进一步加强工程施工承包商的监督和管理。抓好现场安全监督管理，细化违规分包的处罚规定。完善公司的《承包商 HSE 管理规定》《高处作业安全管理规定》等系列体系文件。

（2）严格贯彻落实"反违章禁令"有关要求，严格作业现场的劳动防护用品佩戴，严肃劳动纪律，严格执行锁定管理的具体规定。

（3）加强施工作业现场的监管。加强对承包商施工现场的监督检查，对违章作业的承包商要及时纠正、处罚。严格对工程监理的监管要求，对于能力不符合要求的监理及时撤换。

案例十　窒息亡人事故

一、事故经过

2008 年 11 月 1 日，某油建公司在某管道工程 2 号隧道（隧道长度为 1.65km）进行管线内（管道直径 1016mm）焊口返修补焊作业。该油建公司所属分包商负责配合土建等辅助工程及临时劳务工作。上午 9 时左右，因停电通风设备无法运行，在管道内的 4 名施工人员缺氧晕倒。在随后的施救过程中，又有 5 名员工晕倒在管道内，15 时左右 9 名人员被救出，其中 1 人抢救无效死亡。

二、原因分析

（1）突然停电导致强制通风的排风扇停止工作，管道内的废气不能及时排出，而作业人员又未及时停止汽油焊机，汽油焊机尾气排出大量二氧化碳，造成施工人员中毒、缺氧窒息。

（2）危害辨识不到位，安全防范措施不严密。对停电等非正常情况下可能带来的危险因素没有进行辨识，对汽油焊机在电网停电、排风扇停止工作情况下的危害性认识不够，在停电时作业人员没有及时停机。

（3）作业人员安全意识淡漠，应急知识缺乏，存在侥幸心理。施工人员进管道不久就停过电，第一次停电还能按要求及时停机撤离，当再次停电时，却放松了警惕，继续施焊；出现险情时没有采取任何防护措施盲目施救，险些造成群死群伤的较大事故。

三、经验教训

（1）加强施工现场危害因素辨识和风险管控，落实各岗位安全责任，完善并认真执行各项安全管理制度；

（2）切实加强对从业人员的安全教育和培训工作，杜绝"三违"作业，要制订切实可行的事故应急预案并定期组织演练，避免发生事故后盲目施救，防止次生灾害发生。

练 习 题

第一章 安全理念与要求

一、选择题（每题 4 个选项，只有 1 个是正确的，将正确的选项号填入括号内）

1. 下列属于地方政府规章的是（ ）。
   （A）《河北省安全生产条例》　　　　（B）《中华人民共和国安全生产法》
   （C）《安全生产许可证条例》　　　　（D）《天津市危险废物污染环境防治办法》

2. 《中华人民共和国安全生产法》第三章对从业人员的安全生产权利义务作了全面、明确的规定，下面（ ）不属于从业人员的权利。
   （A）从业人员的人身保障权利
   （B）得知危险因素、防范措施和事故应急措施的权利
   （C）对本单位安全生产的批评、检举和控告的权利
   （D）接受安全培训，掌握安全生产技能的权利

3. 《中华人民共和国安全生产法》不但赋予了从业人员安全生产权利，也设定了相依的法定义务，下面（ ）不属于从业人员的义务。
   （A）遵章守规，服从管理的义务
   （B）正确佩戴和使用劳动防护用品的义务
   （C）紧急情况下停止作业或紧急撤离的义务
   （D）发现事故隐患或者其他不安全因素及时报告的义务

4. 不属于安全生产违法行为的法律责任的是（ ）。
   （A）企业责任　　　　　　　　　　　（B）行政责任
   （C）民事责任　　　　　　　　　　　（D）刑事责任

5. 下列关于劳动安全卫生描述错误的是（ ）。
   （A）用人单位必须对所有劳动者定期进行职业健康体检
   （B）从事特种作业的劳动者必须经过专门培训并取得特种作业资格
   （C）劳动者在劳动过程中必须严格遵守安全操作规程
   （D）劳动者对用人单位管理人员违章指挥、强令冒险作业，有权拒绝执行，对危害生命安全和身体健康的行为，有权提出批评、检举和控告

6. 按照《中国石油天然气管道保护法》规定，下列（　　）不属于在管道线路中心线两侧各 5m 地域范围内禁止事宜。

（A）种植根系深达管道埋设部位可能损坏管道防腐层的深根植物

（B）取土、采石、用火、堆放重物、排放腐蚀性物质、使用机械工具进行挖掘施工

（C）挖塘、修渠、修晒场、修建水产养殖场、建温室、建家畜棚圈、建房以及修建其他建筑物、构筑物

（D）在管道上方放牧，种植小麦

7. 依据工伤保险条例规定，职工有下列情形之一的，不应当认定为工伤（　　）。

（A）在工作时间和工作场所内，因工作原因受到事故伤害的

（B）在上下班途中，受到本人主要责任的交通事故或者城市轨道交通、客运轮渡、火车事故伤害的

（C）工作时间前后在工作场所内，从事与工作有关的预备性或者收尾性工作受到事故伤害的

（D）因工外出期间，由于工作原因受到伤害或者发生事故下落不明的

8. 下列不是企业在员工安全生产权利保障方面的职责的是（　　）。

（A）与员工签订劳动合同时应明确告知企业安全生产状况

（B）为员工创造安全作业环境

（C）提供合格的劳动防护用品和工具

（D）为员工子女提供餐饮住宿

9. 下列关于从业人员安全生产权利义务描述错的是（　　）。

（A）基层操作人员、班组长、新上岗、转岗人员安全培训，确保从业人员具备相关的安全生产知识、技能以及事故预防和应急处理的能力

（B）发生事故后，现场有关人员应当立即向基层单位负责人报告，并按照预案应急抢险

（C）在发现不危及人身安全的情况时，应当立即下达停止作业指令、采取可能的应急措施或组织撤离作业场所

（D）任何个人不得迟报、漏报、谎报、瞒报各类事故

10. 下列行为中，不属于《环境保护违纪违规行为处分规定（试行）》中给予警告或者记过、撤职处分的是（　　）。

（A）违章指挥或操作引发一般或较大环境污染和生态破坏事故的

（B）发现环境污染和生态破坏事故未按规定及时报告，或者未按规定职责和指令采取应急措施的

（C）在生产作业过程中误操作导致设备损坏的

（D）在生产作业过程中不按规程操作随意排放污染物的

11.《中国石油天然气集团公司职业卫生管理办法》中对员工职业健康权利作出了明确规定，以下（　　）不属于员工权利。

（A）学习并掌握职业卫生知识

（B）接受职业卫生教育、培训权

（C）职业健康监护权

（D）拒绝违章指挥和强令冒险作业

12. 《中国石油天然气集团公司职业卫生管理办法》中对员工职业健康义务作出了明确规定，以下（ ）项不属于员工义务。

（A）遵守各种职业卫生法律、法规、规章制度和操作规程

（B）发现事故事件立即上报的义务

（C）正确使用和维护职业病防护设备和个人使用的职业病防护用品

（D）发现职业病危害事故隐患及时报告

13. 中国石油的 HSE 方针是（ ）。

（A）以人为本，预防为主，全员参与，持续改进

（B）零伤害、零污染、零事故

（C）安全源于质量、源于设计、源于责任、源于防范

（D）环保优先、安全第一、质量至上、以人为本

14. 下列不属于中国石油"六大禁令"的是（ ）。

（A）严禁无票证从事危险作业

（B）严禁特种作业无有效操作证人员上岗操作

（C）严禁不遵纪守法

（D）严禁违章指挥、强令他人违章作业

15. 下列不属于"四条红线"内容的是（ ）。

（A）可能导致火灾、爆炸、中毒、窒息、能量意外释放的高危和风险作业

（B）可能导致着火爆炸的生产经营领域内的油气泄漏

（C）节假日和敏感时段（包括法定节假日，国家重大活动和会议期间）的施工作业

（D）国家两会期间的站场巡检活动

16. 下列作业不属于四条红线中的高危风险作业的是（ ）。

（A）动火作业　　　　　　　　（B）挖掘作业

（C）受限空间作业　　　　　　（D）濒水作业

17. 中国石油 HSE 管理原则是对各级管理者提出的 HSE 管理基本行为准则，是管理者的"禁令"，下列（ ）不属于 HSE 管理原则。

（A）任何决策必须优先考虑健康安全环境

（B）企业必须对员工进行健康安全环境培训

（C）员工必须参与岗位危害识别及风险控制

（D）企业必须对员工提供安全保障

18. 对中国石油"有感领导"内涵描述错误的是（ ）。

（A）"有感领导"，实际就是领导以身作则，把安全工作落到实处

（B）通过领导的言行，使下属听到领导讲安全，看到领导实实在在做安全、管安全，感觉到领导真真正正重视安全

（C）"有感领导"重要功能是领导布置安排工作，检验检查基层员工执行的情况

（D）"有感领导"的核心作用在于示范性和引导作用

19．对中国石油直线责任内涵描述错误的是（　　　）。

（A）谁主管谁负责 　　　　　　　（B）谁执行谁负责

（C）谁组织谁负责 　　　　　　　（D）谁建议谁负责

20．以下（　　　）不属于 HSE 两书一表。

（A）HSE 作业指导书 　　　　　　（B）HSE 操作规程书

（C）HSE 作业计划书 　　　　　　（D）安全检查表

21．以下（　　　）不是操作岗位 HSE 作业指导书的主要内容。

（A）岗位职责 　　　　　　　　　（B）岗位操作规程

（C）岗位体系文件 　　　　　　　（D）应急处置程序

二、判断题（对的画√，错的画×）

1．（　　）法律是法律体系中的下位法，地位和效力仅次于宪法，高于行政法规、地方性法规、部门规章、地方政府规章等上位法。

2．（　　）行政法规是由国务院组织制定并批准颁布的规范性文件的总称。行政法规的法律地位和法律效力低于法律，高于地方性法规、地方政府规章等下位法。

3．（　　）地方性法规是指由省、自治区、直辖市和设区的市人民代表大会及其常务委员会，依照法定程序制定并颁布的，施行于本行政区域的规范性文件。地方性法规的法律地位和法律效力低于法律、行政法规，高于地方政府规章。

4．（　　）生产经营单位的从业人员有依法获得安全生产保障的权利，并应当依法履行安全生产方面的义务。

5．（　　）从业人员有关的生产安全违法犯罪行为有重大责任事故罪：在生产、作业中违反有关安全管理的规定，因而发生重大伤亡事故或者造成其他严重后果的，处三年以下有期徒刑或者拘役；情节特别恶劣的，处三年以上七年以下有期徒刑。

6．（　　）排放污染物的企业事业单位和其他生产经营者，应当采取措施，防治在生产建设或者其他活动中产生的废气、废水、废渣、医疗废物、粉尘、恶臭气体、放射性物质以及噪声、振动、光辐射、电磁辐射等对环境的污染和危害。

7．（　　）中国石油要求岗位员工参与危害因素辨识，根据操作活动所涉及的危害因素，确定本岗位防控的生产安全风险，并按照属地管理的原则落实风险防控措施。

8．（　　）在承包商管理上，明确将承包商 HSE 管理纳入企业 HSE 管理体系，统一管理。提出了把好"五关"的基本要求（单位资质关、HSE 业绩关、队伍素质关、施工监督关和现场管理关）。

9．（　　）特种作业人员经培训考核合格后由省、自治区、直辖市一级安全生产监管部门或其指定机构发给相应的特种作业操作证，考试不合格的，允许补考一次，经补考仍不及格的，重新参加相应的安全技术培训。

10．（　　）"严禁脱岗、睡岗及酒后上岗"是"六大禁令"中唯一的一条有关违反劳动纪

律的反违章条款，其危害有以下两个方面：一是可能直接导致事故发生，危及本人及其他人员的生命或健康、造成经济损失；二是违法劳动纪律，磨灭员工的战斗力，导致人心涣散，企业凝聚力和执行力下降。

11.（　）危险化学品是指具有毒害、腐蚀、爆炸、燃烧、助燃等性质，对人体、设施、环境具有危害的剧毒化学品和其他化学品。

12.（　）所有所有员工都应主动接受 HSE 培训，考核不合格的，可先上岗实习，边学习边工作。

13.（　）危害识别与风险评估是一切 HSE 工作的基础，也是员工选择掌握的一项非常好的岗位技能，任何作业活动之前，都必须进行危害识别和风险评估。

14.（　）事故和事件也是一种资源，每一起事故和事件都给管理改进提供了重要机会，对安全状况分析及问题查找具有相当重要的意义。要完善机制、鼓励员工和基层单位报告事故，挖掘事故资源。

15.（　）QHSE 管理体系指按照质量、职业健康、安全、环境等管理体系标准建立的管理体系。

16.（　）HSE 管理体系的核心是：指导企业通过识别并有效控制、消减风险，实现企业设定的健康、安全、环境目标，并不断地改进健康、安全、环境行为，提高健康、安全、环境业绩水平。

第二章　风险防控方法与工作程序

一、选择题（每题 4 个选项，只有 1 个是正确的，将正确的选项号填入括号内）

1. 下列关于隐患描述错误的是（　　）。
（A）在生产经营活动中可能导致事故发生的管理上的缺陷
（B）在生产经营活动中可能导致事故发生的危险有害因素
（C）在生产经营活动中可能导致事故发生的人的不安全行为
（D）在生产经营活动中可能导致事故发生的物的不安全状态

2. 工作前安全分析需要前期准备和现场考察，下列对考察内容的描述错误的是（　　）。
（A）以前相似工作不需再进行分析
（B）工作环境、空间、照明、通风、出口和入口等
（C）作业人员是否有足够的知识、技能
（D）现场是否存在影响安全的交叉作业

3. 下列不属于危害因素辨识和风险评价步骤的是（　　）。
（A）划分作业活动——编制业务活动表，内容应覆盖所有部门、区域，包括正常、非正常和紧急状况的一切活动
（B）辨识危害——辨识与业务活动有关的所有危害，考虑谁会受到伤害及如何受到伤害，准确描述危害事件
（C）评价风险——对辨识出的危害因素，运用 LEC 法进行评价

（D）消减风险——运用工程技术措施，对发现的风险进行消减

4. 下列对作业条件危险分析法（LEC）表述错误的是（　　　）。

　　（A）D 是与风险相关的三种危险因素之和

　　（B）L 是事故发生的可能性

　　（C）E 是人体暴露于危险环境中的频繁程度

　　（D）C 是发生事故可能造成的后果

5. 下面作业不需要办理作业许可的是（　　　）。

　　（A）进入受限空间的作业　　　　　（B）在油气站场生产区域内产生火花的作业

　　（C）有操作规程的常规作业　　　　（D）临时用电的作业

6. 以下不属于 JSA 分析步骤的是（　　　）。

　　（A）组成作业安全分析小组　　　　（B）作业过程中现场考察

　　（C）划分作业步骤　　　　　　　　（D）风险评价和制定控制措施

7. 下列不是控制风险常用方法的是（　　　）。

　　（A）作业许可　　　　　　　　　　（B）隐患排查

　　（C）安全目视化　　　　　　　　　（D）上锁挂牌

8. 下列不属于天然气输送站场常见职业健康危害因素的是（　　　）。

　　（A）物体打击　　　　　　　　　　（B）噪声

　　（C）工频电场　　　　　　　　　　（D）紫外辐射

9. 下列不属于原油输送站场常见职业健康危害因素的是（　　　）。

　　（A）噪声　　　　　　　　　　　　（B）工频电场

　　（C）机械伤害　　　　　　　　　　（D）甲烷、低碳烃类化合物

10. 职业健康风险评价矩阵评价结果分为（　　　）个等级。

　　（A）3　　　　　（B）4　　　　　（C）5　　　　　（D）6

11. 下面不属于职业健康风险控制方式的是（　　　）。

　　（A）投资控制　　　　　　　　　　（B）事前控制

　　（C）运行控制　　　　　　　　　　（D）应急控制

12. 下面不属于安全危害因素识别主要途径的是（　　　）。

　　（A）工作前安全分析（JSA）　　　（B）变更分析

　　（C）隐患治理　　　　　　　　　　（D）区域风险评价或调查

13. 下列不属于常用风险控制方法的是（　　　）。

　　（A）作业许可　　　　　　　　　　（B）上锁挂牌

　　（C）属地管理　　　　　　　　　　（D）安全目视化

14. 根据安全风险评价矩阵，综合可能性和后果乘积结果为 9 的是（　　　）级风险。

　　（A）低　　　　　（B）中　　　　　（C）较高　　　　　（D）高

15. 以下选项中，不属于使用直接判断法对环境因素进行判断的为（　　　）。

　　（A）使用环境风险评价矩阵评判结果为重要的，可评定为重要环境因素

　　（B）环保设施发生异常情况时的废水排放，可评定为重要环境因素

（C）输油气生产、建设中产生的引起相关方抱怨的噪声，可评定为重要环境因素

（D）油品输送发生的油品外泄，可评定为重要环境因素

16. 环境因素风险评价矩阵的评价结果分为（　　）个等级。

（A）2　　　　　　　　（B）4　　　　　　　　（C）6　　　　　　　　（D）8

二、判断题（对的画√，错的画×）

1. （　　）风险指某一特定危害事件发生的可能性，与随之引发的人身伤害或健康损失、损坏或其他损失的严重性的组合（风险=可能性+后果的严重程度）。

2. （　　）风险控制采用工程技术、教育和管理等手段消除或削减风险，通过制定或执行具体的方案（措施），实现对风险的控制，防止事故发生造成人员伤害、环境破坏或财产损失。

3. （　　）危险因素是指能对人造成伤亡或对物造成突发性损害的因素，有害因素是指能影响人的身体健康、导致疾病或对物造成慢性损害的因素。通常情况下，二者并不加以区分而统称为危害因素。

4. （　　）危害因素辨识中的现场观察法是一种通过检视生产作业区域所处地理环境、周边自然条件、场内功能区划分、设施布局、作业环境等来辨识存在危害因素的方法。

5. （　　）JSA 分析是指事先或定期对某项工作任务进行风险评价，并根据评价结果制定和实施相应的控制措施，达到最大限度消除或控制风险的方法。

6. （　　）HAZOP 分析的对象是工艺或操作的特殊点（称为"分析节点"，可以是工艺单元，也可以是操作步骤），通过分析每个工艺单元或操作步骤，由引导词引出并辨识具有潜在危险的偏差。

7. （　　）风险评估矩阵（RAM）是基于对以往发生的事故事件的经验总结，通过解释事故事件发生的可能性、后果严重性和人员在危险场所暴露的频率来预测风险大小，并确定风险等级的一种风险评估方法。

8. （　　）上锁挂牌是指在作业过程中为避免设备设施或系统区域内蓄积危险能量或物料的意外释放，对所有危险能量和物料的隔离设施进行锁闭和悬挂标牌的一种现场安全管理方法。

9. （　　）上锁挂牌可从本质上解决设备因误操作引发的安全问题，但关键还是需要人的操作，要对相关人员进行安全培训，以解决人的行为习惯养成问题，同时还要加强人员换班时的沟通。

10. （　　）安全目视化是通过使用安全色、标签、标牌等方式，明确人员的资质和身份、工器具和设备设施的使用状态，以及生产作业区域的危险状态的一种现场安全管理方法。

11. （　　）工艺和设备变更管理是指涉及工艺技术、设备设施及工艺参数等超出现有设计范围的改变（如压力等级改变、压力报警值改变等）的一种安全管理方法。

12. （　　）安全经验分享是将安全工作方法、安全经验与教训，利用各种时机在一定范围

内讲解，使安全工作方法得到应用，安全经验得到分享的一种安全培训方法。

13.（   ）风险控制策划原则：优先遵循"警告、个体防护、隔离、减小、预防、消除"的原则。

14.（   ）职业健康风险控制中应急准备和响应控制是编制应急预案并演练，或编制应急措施等措施进行控制。

15.（   ）安全危害因素识别范围只包括非常规活动，所有进入现场工作人员，危险性高的设施、设备。

16.（   ）针对安全风险评价结果，对较高、中度风险要重点制定风险控制措施。对低风险应保持现有控制措施的有效性，并予以监控。

17.（   ）环境因素的类别有原料消耗、能源消耗、大气排放、水体排放、废物的产生管理和处置、对植物的影响、噪声、辐射、视觉污染、光污染等。

第三章　基础安全知识

一、**选择题**（每题 4 个选项，只有 1 个是正确的，将正确的选项号填入括号内）

1. 以下有关安全帽使用描述错误的是（   ）。
   （A）不能随意对安全帽进行拆卸或添加附件
   （B）佩戴时一定要将安全帽戴正、戴牢，不能晃动，要系紧下颏带
   （C）破损或变形的安全帽以及出厂年限达到两年半的安全帽应进行报废处理
   （D）受到严重冲击的安全帽，若外观没有明显损坏不影响使用

2. 安全帽的有效期限为（   ）个月。
   （A）12　　　　　　　（B）18　　　　　　　（C）24　　　　　　　（D）30

3. 以下有关呼吸防护用品中面罩描述错误的是（   ）。
   （A）根据面罩结构的不同，可将面罩分为全面罩、可更换式半面罩和随弃式面罩
   （B）全面罩是指能覆盖口、鼻、眼睛和下颌的密合型面罩
   （C）半面罩是指能覆盖口和鼻，或覆盖口、鼻和下颌的密合型面罩
   （D）随弃式面罩使用完清洗后，若部件无损坏或失效，可重复使用

4. 安全色是传递安全信息含义的颜色，包含红色、黄色、绿色和（   ）。
   （A）棕色　　　　　　（B）紫色　　　　　　（C）蓝色　　　　　　（D）灰色

5. 不同的安全色代表了不同的含义，其中红色在安全色中代表的含义是（   ）。
   （A）禁止　　　　　　（B）指令　　　　　　（C）警告　　　　　　（D）提示

6. 安全标志是用以表达特定安全信息的标志，以下不属于安全标志组成的是（   ）。
   （A）图形符号　　　　　　　　　　　　（B）安全色
   （C）几何形状或文字　　　　　　　　　（D）阿拉伯数字

7. 安全标志中警告标志的基本形式是（   ）。
   （A）圆形边框　　　　　　　　　　　　（B）正方形边框
   （C）正三角形边框　　　　　　　　　　（D）带斜杠的圆形边框

8. 表示危险位置的安全标记是（　　）。
（A）红色与白色相间条纹　　　　　（B）黄色与黑色相间条纹
（C）蓝色与白色相间条纹　　　　　（D）绿色与白色相间条纹

9. 《中华人民共和国职业病防治法》规定，站场应在醒目位置设置"职业病危害公告栏"，
内容包括危害物质的名称及其理化特性、危害产生的部位及后果影响、危害监测结果及
标准限值、防护措施及应急处置和（　　）。
（A）联系人及联系电话　　　　　　（B）危害物质管理制度
（C）站场区域图　　　　　　　　　（D）安全警告及防护标识

10. 以下选项中不属于重大危险源安全警示牌内容的是（　　）。
（A）危险源的名称、等级　　　　　（B）危险源的危险特性
（C）应急处置措施　　　　　　　　（D）生产企业的名称、地址、邮编、电话

11. 紧急疏散逃生标志属于（　　）。
（A）禁止标志　　　（B）警告标志　　　（C）指令标志　　　（D）指示标志

12. 在油品输送站场生产工艺区、泵棚区、储罐区及排污罐区等易产生油气聚集的区域，
巡检人员、作业人员应配备（　　）。
（A）硫化氢气体检测仪　　　　　　（B）氧气体检测仪
（C）可燃气体检测仪　　　　　　　（D）一氧化碳气体检测仪

13. 下列灭火器不适用 A 类火灾的是（　　）。
（A）磷酸铵盐干粉灭火器　　　　　（B）碳酸氢钠干粉灭火器
（C）泡沫灭火器　　　　　　　　　（D）清水

14. 站控室、输油泵电机间、变电所、配电间、化验室等配、发有精密仪器、贵重物品的
场所，发生火灾灭火时应选择（　　）。
（A）磷酸铵盐干粉灭火器　　　　　（B）碳酸氢钠干粉灭火器
（C）二氧化碳灭火器　　　　　　　（D）泡沫灭火器

15. 检查带表计的储压式灭火器时，压力表指针如指在（　　）区域表明灭火器已经失效，
应及时送检并重新充装。
（A）绿色　　　　　　　　　　　　（B）黄色
（C）白色　　　　　　　　　　　　（D）红色

16. 以下选项中不属于防直击雷的外部防雷装置的是（　　）。
（A）接闪器　　　　　　　　　　　（B）引下线
（C）避雷器　　　　　　　　　　　（D）接地装置

17. 以下选项中属于辅助绝缘安全用具的是（　　）。
（A）绝缘手套　　　　　　　　　　（B）绝缘夹钳
（C）绝缘棒　　　　　　　　　　　（D）高压验电器

18. 以下选项中属于有毒气体的是（　　）。
（A）甲烷　　　　　　　　　　　　（B）二氧化碳
（C）硫化氢　　　　　　　　　　　（D）氮气

19. 站队（　　　）对车辆进行一次安全检查，认真核对"车辆安全检查表"各项要求并落实。

（A）每周　　　　　　　　　　（B）每半月

（C）每月　　　　　　　　　　（D）每季度

20. 以下选项中不属于提高车辆被动安全性的装置或设备的是（　　　）。

（A）安全带　　　　　　　　　（B）安全气囊

（C）前后大灯　　　　　　　　（D）灭火器

21. 站队、班组组织驾驶员进行安全教育活动的频次分别为（　　　）。

（A）每周、每周　　　　　　　（B）每半月、每周

（C）每半月、每半月　　　　　（D）每月、每周

22. 凡是节假日除生产生活值班车辆外，其他车辆一律实行"三交一封"制度，以下选项中不属于"三交一封"制度内容的是（　　　）。

（A）交车辆钥匙　　　　　　　（B）交驾驶证

（C）交行驶证　　　　　　　　（D）交准驾证

23. 以下车辆中，（　　　）不用安装公司 GPS 车载终端。

（A）通勤客车　　　　　　　　（B）商务用车

（C）管道巡线车　　　　　　　（D）消防车

24. 若聘用外部司机驾驶本单位车辆，要对应聘司机驾驶能力进行认真考核，要求应聘司机必须具有驾驶同种车型（　　　）年以上的经验，在准驾证和安全教育等方面的管理上同本单位驾驶员一样对待。

（A）1　　　　（B）2　　　　（C）3　　　　（D）5

25. 人触电后，可能由于痉挛或失去知觉等原因而紧抓带电体，不能自行摆脱电源，以下触电急救措施错误的是（　　　）。

（A）使用带有绝缘柄的电工钳或干木柄挑开接触触电者的电线，使触电者脱离电源

（B）用干燥衣服、手套、绳、木板拉开触电者或拉开触电者身上的电线，使触电者与电源脱离

（C）应及时拖拽、拉动触电者手臂或其他肢体，使触电者尽快脱离电源

（D）立即断开触电地点的开关，使触电者与电源脱离

26. 以下选项中有关止血带止血法包扎过程中注意事项错误的是（　　　）。

（A）置伤病者于适当卧姿，检查伤口。对伤口中可直视、松动并易取出的异物，应小心去除

（B）使伤病者受伤部位尽量放低至心脏水平以下

（C）用干净敷料压迫伤口，可用另一软棉垫覆盖其上

（D）接触伤病者伤口前，必须先戴保护性手套保护自己

27. 根据危险化学品的危险特性，危险化学品存在的主要危险是（　　　）。

（A）火灾、爆炸、中毒、窒息及污染环境

（B）火灾、爆炸、中毒、腐蚀及污染环境

（C）火灾、爆炸、感染、窒息及污染环境

（D）火灾、爆炸、中毒、感染及污染环境

28. 以下选项中不属于危险化学品的是（　　　）。

（A）汽油、易燃液体　　　　　　　（B）放射性物品

（C）氧化剂、有机过氧化物　　　　（D）氯化钠

29. 根据天然气火灾和爆炸的危险性，以下选项中不属于天然气所具有的是（　　　）。

（A）易燃易爆性　　　　　　　　　（B）易扩散性

（C）压缩性　　　　　　　　　　　（D）易凝性

30. 成品油主要由烷烃和环烷烃组成，很容易离开液体而挥发到大气中，这主要体现了成品油的（　　　）。

（A）易扩散性　　　　　　　　　　（B）易渗透性

（C）受热膨胀性　　　　　　　　　（D）易沸溢性

31. 根据可燃物的类型和燃烧特性将火灾分为六类，其中 D 类火灾是指（　　　）。

（A）固体物质火灾　　　　　　　　（B）气体火灾

（C）金属火灾　　　　　　　　　　（D）液体火灾

32. 根据各类火灾发展的不同阶段，可燃物减少，燃烧速度减慢，火势减小属于火灾发展的（　　　）。

（A）初起阶段　　　　　　　　　　（B）熄灭阶段

（C）发展阶段　　　　　　　　　　（D）下降阶段

33. 以下选项中关于燃烧三要素描述正确的是（　　　）。

（A）可燃物、助燃物和压力　　　（B）可燃物、助燃物和温度

（C）可燃物、助燃物和点火源　　（D）可燃物、助燃物和极限浓度

34. 使燃烧物质缺乏氧气而熄灭，这种灭火方法为（　　　）。

（A）冷却灭火法　　　　　　　　　（B）窒息灭火法

（C）隔离灭火法　　　　　　　　　（D）抑制灭火法

35. 二氧化碳灭火剂主要靠（　　　）灭火。

（A）降低温度　　　　　　　　　　（B）降低氧浓度

（C）降低燃点　　　　　　　　　　（D）减少可燃物

36. 使用灭火器灭火时，应将灭火器喷管对准火源（　　　）喷射灭火。

（A）上部　　　（B）中部　　　（C）外焰　　　（D）根部

37. 以下几种资源中属于不可再生资源的是（　　　）。

（A）土地资源　　（B）矿产资源　　（C）森林资源　　（D）水资源

38. 以下有关废弃物处理描述错误的是（　　　）。

（A）储存性质不相容且未经安全性处置的危险废弃物不能混合收集

（B）危险废物的容器和包装以及收集、储存、运输、处置危险废物的设施、场所，应当设置危险废物识别标志

（C）维抢修作业过程中（事故状态下）产生的油泥，可直接就地掩埋

（D）各类废弃物应分类收集，集中处理，不应擅自倾倒、堆放、丢弃或遗撒

二、判断题（对的画√，错的画×）

1. （　　）正压式空气呼吸器气瓶内的压力应保证在 28～30MPa 之间。

2. （　　）在无其他防护用品时，为有效保护眼睛，近视镜也可当作防护眼镜使用。

3. （　　）随弃式面罩使用一个工作班次后或任何部件失效时应整体报废。

4. （　　）过滤元件按过滤性能分为 KN 和 KP 两类，KN 类只适用于过滤非油性颗粒物，KP 类只适用于过滤油性颗粒物。

5. （　　）安全标志分禁止标志、警告标志、指令标志和提示标志四大类型。

6. （　　）站队应当按要求在醒目位置设置重大危险源安全警示牌，其中危险源地点、部位及应急处置措施属于重大危险源安全警示牌内容。

7. （　　）气体检测仪是一种气体泄漏浓度检测的仪器仪表工具，按照检测方式分为扩散式气体检测仪和泵吸式气体检测仪。

8. （　　）输油泵房（区）、阀室、加热炉区、计量间等 B 类以及使用、输送天然气等 C 类火灾场所应选择二氧化碳灭火器。

9. （　　）防爆工具是指采用非钢制材料制成的工器具。

10. （　　）在高压设备上进行部分停电工作时，为了防止工作人员走错位置，误入带电间隔或接近带电设备至危险距离，一般采用警戒带进行防护。

11. （　　）在特殊情况下，为防止高处作业人员发生坠落，安全带也可低挂高用。

12. （　　）绝缘手套、绝缘靴作为辅助绝缘安全用具时，不能直接与电气设备的带电部位接触，只能与基本绝缘安全用具配合使用。

13. （　　）甲烷气体属于有毒气体。

14. （　　）持《中华人民共和国机动车驾驶证》的人员就可驾驶本单位机动车辆。

15. （　　）除消防车辆、管道维抢修特种车辆（挖掘机、装载机、吊车）以外所有自有产权的在用机动车辆必须安装符合国家标准并具备 GPS 功能的车辆行驶记录仪。

16. （　　）驾驶员应严格执行车辆的"三检"制度，即出车前、行驶途中和回厂后的车辆检查、保养，做到小故障不过夜，故障不排除次日不出车。

17. （　　）站队对驾驶员的培训应有培训计划、培训教案、教师和培训、考核记录。

18. （　　）对于外聘或随车的外部驾驶员只要年龄在 55 周岁以下，持有《中华人民共和国机动车驾驶证》，单位即可进行聘用。

19. （　　）当触电者脱离电源后，对心搏停止、呼吸存在者，应及时采用人工呼吸法进行救治。

20. （　　）有毒物质进入人体的途径有：吸入、皮肤吸收、消化道摄入和注射等。

21. （　　）当进入存在高浓度天然气环境中时，应佩戴防毒面具。

22. （　　）作业现场常用的外出血止血方法有：指压止血法、包扎止血法、屈曲肢体加垫止血法和止血带止血法等。

23. （　　）剧毒化学品储存应设置危险等级和注意事项的标志牌，专库（柜）保管，实行

双人、双锁、双账、双领用管理，并报当地公安部门和负责危险化学品安全监督管理机构备案。

24.（　）气体燃烧分为扩散燃烧和动力燃烧，可燃气体与空气边混合边燃烧，这种燃烧就称为动力燃烧。

25.（　）固体的燃烧方式分为蒸发燃烧、分解燃烧、表面燃烧和阴燃四种。

26.（　）火灾的发展大体上分为初起阶段、发展阶段、猛烈阶段、下降阶段和熄灭阶段等五个阶段。

27.（　）用水扑救火灾，其主要作用就是窒息灭火。

28.（　）天然气的密度比空气小，泄漏后不容易积聚在低洼处，因而扩散性强。

29.（　）污染源是指造成环境污染的污染物发生源，通常指向环境排放有害物质或对环境产生有害影响的场所、设备、装置或人体。

第四章　油气管道操作安全

一、选择题（每题 4 个选项，只有 1 个是正确的，将正确的选项号填入括号内）

1. 不属于进站检查和参观人员的安全教育内容的是（　）。
   （A）本站概况及主要危险源
   （B）本站安全要求和相关安全管理规章制度
   （C）进站安全须知
   （D）本站应急逃生路线

2. 当场所内的可燃气体浓度达到爆炸下限的（　）或以上时，应立即停止照相、摄像，并撤离生产区。
   （A）5%　　　（B）10%　　　（C）20%　　　（D）25%

3. 国家级领导人对输油气站进行检查时，同时进入生产区的照相、摄像人员不应多于（　）人。
   （A）1　　　（B）2　　　（C）3　　　（D）4

4. 因工程施工、设备检修、事故调查等生产需要，在生产现场采集影像资料时，照相、摄像人员不应多于（　）人。
   （A）1　　　（B）2　　　（C）3　　　（D）4

5. 检查和参观人员超过（　）人时陪同人员不得少于 2 人。
   （A）5　　　（B）7　　　（C）10　　　（D）15

6. 装置内露天布置的塔、容器等，当顶板厚度等于或大于（　）mm 时，可不设避雷针保护，但应设防雷接地。
   （A）3　　　（B）4　　　（C）5　　　（D）6

7. 少于（　）根螺栓连接的法兰盘，其连接处应设金属线跨接。
   （A）3　　　（B）4　　　（C）5　　　（D）6

8. 在油罐进出油管未浸没前，进油管流速应控制在 1m/s 以下，浸没后流速应控制在（　）

m/s 以下，防止静电积聚。

(A) 3   (B) 4   (C) 5   (D) 6

9. 油罐在进出油的过程中，应密切观测液位的变化，液位的升降速度不超过（　　）m/h。

(A) 0.3   (B) 0.4   (C) 0.5   (D) 0.6

10. 储油罐的呼吸阀、液压安全阀、阻火器正常情况下应每（　　）检查一次。

(A) 日   (B) 周   (C) 月   (D) 季

11. 雷雨季节应每（　　）检测一次外浮顶油罐二次密封处的油气浓度。

(A) 日   (B) 周   (C) 月   (D) 季

12. 储油罐防雷接地引下线不应少于2根，应沿罐周均匀或对称布置，接地点之间距离不应大于（　　）m。

(A) 30   (B) 40   (C) 50   (D) 60

13. 油罐防雷接地引下线上应设有断接卡，断接卡应用2个（　　）mm 的不锈钢螺栓连接并加防松垫片固定。

(A) M8   (B) M10   (C) M12   (D) M14

14. 储油罐接地电阻应小于（　　）Ω，电阻值春秋季各检测一次。

(A) 1   (B) 4   (C) 10   (D) 15

15. 设有强制阴极保护的储油罐，每月应检测记录保护电位值，下列测试电位不在正常范围内的是（　　）V。

(A) −0.75   (B) −0.85   (C) −0.95   (D) −1.05

16. 一次上罐人数不应超过（　　）人。

(A) 3   (B) 4   (C) 5   (D) 6

17. 雷雨或遇有（　　）级以上大风时，禁止上罐。

(A) 3   (B) 4   (C) 5   (D) 6

18. 手工检尺和取样时，操作人员应站在（　　）风方向，并轻开轻关量油孔盖子。

(A) 上   (B) 下   (C) 偏上   (D) 偏下

19. 电气工作人员巡检和作业时应戴（　　）安全帽。

(A) 普通   (B) 电业   (C) 棉   (D) 防砸

20. 电气设备的外壳应有良好的接地设施，接地电阻不大于（　　）Ω。

(A) 1   (B) 4   (C) 10   (D) 15

21. 高压设备巡检中与设备带电导体保持安全距离，35kV 电压安全距离等级为1m，10kV 以下电压安全距离等级为（　　）m。

(A) 0.9   (B) 0.7   (C) 0.5   (D) 0.3

22. 高压设备发生接地时，室内不得接近故障点（　　）m 以内，室外不得接近故障点8m 以内。

(A) 3   (B) 4   (C) 5   (D) 6

23. 在管道线路中心线两侧各5m 以外应重点关注（　　）。

(A) 种植乔木、灌木、藤类、芦苇、竹子或者其他根系深达管道埋设部位可能损坏管

道防腐层的深根植物

（B）取土、采石、用火、堆放重物、排放腐蚀性物质、使用机械工具进行挖掘施工

（C）挖塘、修渠、修晒场、修建水产养殖场、建温室、建家畜棚圈、建房以及修建其他建筑物、构筑物

（D）定向钻、顶管作业、公路交叉、铁路交叉、电力线路交叉、光缆交叉、其他管道交叉、河道沟渠作业、挖砂取土作业、侵占、城建、爆破等施工活动

24. 第三方施工单位强行施工的，输油气站立即报告（　　）级人民政府主管管道保护工作的部门协调制止，安排人员 24h 进行现场监护。

（A）县 （B）市 （C）省 （D）国家

25. 电焊操作场地（　　）m 内，不应储存油类或其他易燃易爆物品。

（A）5 （B）10 （C）15 （D）20

26. 在距离低压线小于（　　）m 进行高处焊接时，应停电后再作业，使用防火安全带，并设监护人。

（A）1 （B）1.5 （C）2 （D）2.5

27. 焊接作业时，氧气瓶与乙炔瓶工作间距不得小于（　　）m。

（A）5 （B）10 （C）15 （D）20

28. 焊接作业时，氧气瓶和乙炔瓶与动火作业地点的距离不得小于（　　）m。

（A）5 （B）10 （C）15 （D）20

29. 砂轮机托刀架与砂轮工作面的距离不能大于（　　）mm。

（A）1 （B）2 （C）3 （D）5

30. 砂轮磨小到接近法兰盘边沿旋转面（　　）mm 时，应予更新。

（A）5 （B）10 （C）15 （D）20

31. 对于直梯、延伸梯以及（　　）m 及以上的人字梯，使用时应用绑绳固定或由专人扶住。

（A）2 （B）2.4 （C）2.8 （D）3

32. 梯子最上（　　）级严禁站人，并应有明显警示标识。

（A）1 （B）2 （C）3 （D）5

二、判断题（对的画√，错的画×）

1. （　　）外来施工人员的劳动防护用品由输油气站负责提供。

2. （　　）随身携带的打火机、火柴等火种，进站前必须交由指定人员保存。

3. （　　）进入储油罐防火堤内，可以使用非防爆照相、摄像器材。

4. （　　）发生紧急情况时，外来人员应自行紧急疏散、迅速撤离危险场所。

5. （　　）安全阀、泄压阀等应按规定投用并定期校验。

6. （　　）清管器收发球筒可以长期带压。

7. （　　）加热设备发生熄火，必须立即关燃料油气阀门，查出原因，排查故障。

8. （　　）浮顶罐投运进油时，在浮船升起之前，浮船上可以站人，但应控制进油

速度。

9.（　　）雷雨天气时，应尽量避免外浮顶油罐大量进出油操作。

10.（　　）进行高压验电时，可以一人单独验电。

11.（　　）工艺流程操作开关阀门时，遵循先关后开、缓关缓开的原则进行操作。

12.（　　）切换流程应按流程切换作业指导书进行。具有高、低压衔接部位的流程，操作时必须先导通高压部位，后导通低压部位。

13.（　　）油管线加热输送由正输倒全越站流程时，先停泵后停炉。

14.（　　）排污操作时，在排污区域内办理相应的作业许可证后方可动火。

15.（　　）管道监护人员到第三方施工现场应做到"四清"：第三方施工内容清、施工单位及建设单位清、管道基本状况清和第三方施工现场距管道距离清。

16.（　　）管道阴极保护电气测量连接时，先将引线与管道相连，再连接引线与测试仪器。

17.（　　）维抢修作业人员应身体合格、经专业安全技术培训考核合格，具备相应作业的操作资质证书。

18.（　　）推闸刀开关时，身体要偏斜些，可以多次推足。

19.（　　）电焊作业停机时，先关电焊机，才能拉断电源闸刀开关。

20.（　　）焊接作业时，乙炔气瓶严禁卧放。

21.（　　）使用砂轮机作业人员应佩戴护目镜，禁止戴手套。

22.（　　）在通道门口使用梯子时，应将门锁住。

23.（　　）存放梯子时，可以竖放并固定。

24.（　　）办理作业许可证后，可以在脚手架基础及其邻近处进行挖掘作业。

第五章　危险作业管理

一、选择题（每题 4 个选项，只有 1 个是正确的，将正确的选项号填入括号内）

1. 下列工作不需要实行作业许可管理的是（　　）。

（A）计划性维修工作

（B）承包商完成的非常规作业

（C）交叉作业

（D）生产运行单位在承包商作业区域进行的作业

2. 下列作业不需要同时办理专项作业许可证的是（　　）。

（A）挖掘作业　　　　　　　　（B）高处作业

（C）管线打开　　　　　　　　（D）脚手架作业

3. 作业许可的管理环节不包括（　　）。

（A）许可证申请　　　　　　　（B）许可证审批

（C）许可证关闭　　　　　　　（D）许可证存档

4. 属于受限空间物理条件的是（　　）。

（A）存在或可能产生有毒有害气体或机械、电气等危害

（B）进入和撤离受到限制，不能自如进出
（C）存在或可能产生掩埋作业人员的物料
（D）内部结构可能将作业人员困在其中

5. 下列人员中不需要进行相应作业培训的是（　　）。
（A）作业申请人
（B）作业监护人
（C）作业相关方
（D）作业批准人

6. 受限空间内气体检测（　　）后，仍未开始作业，应重新进行检测。
（A）10min　（B）20min　（C）30min　（D）1h

7. 受限空间氧含量浓度应保持在（　　）。
（A）19%～23%
（B）19%～23.5%
（C）19.5%～23%
（D）19.5%～23.5%

8. 当易燃易爆气体爆炸下限等于4%时，经检测气体体积浓度合格的是（　　）。
（A）0.4%　（B）0.5%　（C）0.6%　（D）0.7%

9. 受限空间内气体检测次序应是（　　）。
（A）氧含量、易燃易爆气体浓度、有毒有害气体浓度
（B）有毒有害气体浓度、氧含量、易燃易爆气体浓度
（C）易燃易爆气体浓度、氧含量、有毒有害气体浓度
（D）氧含量、有毒有害气体浓度、易燃易爆气体浓度

10. 受限空间内气体监测采用间断性监测方式，间隔不应超过（　　）。
（A）0.5h　（B）1h　（C）1.5h　（D）2h

11. 受限空间作业中断超过（　　），继续作业前应当重新确认安全条件。
（A）15min　（B）30min　（C）45min　（D）1h

12. 坑的挖掘深度等于或大于（　　）m，可能存在危险性气体的挖掘现场，需要考虑是否实行受限空间安全管理。
（A）1　（B）1.2　（C）1.5　（D）2

13. 当挖掘深度超过（　　）m且有人员进行沟下作业时，必须按照规定落实放坡及设置保护系统的有关要求。
（A）1　（B）1.2　（C）1.5　（D）2

14. 机械开挖管沟作业时，管顶上方保留的覆土厚度不应少于（　　）m。
（A）0.5　（B）0.8　（C）1　（D）1.2

15. 对于带管堤管段，机械开挖可以控制覆土厚度在管顶上方（　　）m。
（A）0.5　（B）0.8　（C）1　（D）1.2

16. 对于易出现打孔盗油（气）的管道，人工先开挖（　　）m宽的探沟，确认管道上方无任何外接物后再进行机械开挖。
（A）0.5　（B）0.8　（C）1　（D）1.2

17. 对于挖掘深度超过（　　）m所采取的保护系统，应由有资质的专业人员设计。
（A）4　（B）5　（C）6　（D）7

175

18. 挖出物或其他物料至少应距坑、沟槽边沿（　　）m，堆积高度不得超过（　　）m。
（A）1、1　　　　（B）1、1.5　　　　（C）1.5、1　　　　（D）1.5、1.5

19. 利用梯子为进出沟槽提供安全通道，梯子上部应高出地平面（　　）m。
（A）0.5　　　　（B）0.8　　　　（C）1　　　　（D）1.2

20. 采用警示路障时，应将其安置在距开挖边缘至少（　　）m之外。
（A）1　　　　（B）1.5　　　　（C）2　　　　（D）3

21. 采用废石堆作为路障，其高度不得低于（　　）m。
（A）1　　　　（B）1.5　　　　（C）2　　　　（D）3

22. 多人同时挖土应相距在（　　）m以上，防止工具伤人。
（A）1　　　　（B）1.5　　　　（C）2　　　　（D）3

23. 可能导致人员坠落（　　）m及以上距离的作业属于高处作业。
（A）1　　　　（B）1.5　　　　（C）2　　　　（D）3

24. 因作业需要临时拆除或变动高处作业的安全防护设施时，应经（　　）同意，并采取相应的措施，作业后应立即恢复。
（A）作业申请人　　　　（B）作业监护人
（C）作业批准人　　　　（D）作业申请人和作业批准人

25. 高处作业阵风风力应小于（　　）级。
（A）五　　　　（B）六　　　　（C）七　　　　（D）八

26. 高处作业应配备（　　）根系索的安全带。
（A）1　　　　（B）2　　　　（C）3　　　　（D）4

27. 风力达到（　　）级及以上时应停止起吊作业。
（A）五　　　　（B）六　　　　（C）七　　　　（D）八

28. 起重机应进行定期检查，检查周期可根据起重机的工作频率、环境条件确定，但每年不得少于（　　）次。
（A）一　　　　（B）二　　　　（C）三　　　　（D）四

29. 以下情况中，起重机司机可以离开操作室的是（　　）。
（A）货物处于悬吊状态　　　　（B）操作手柄未复位
（C）手刹处于制动状态　　　　（D）起重机未熄火关闭

30. 采用（　　）进行隔离时，应制定风险控制措施和应急预案。
（A）双截止阀　　　　（B）单截止阀
（C）截止阀加盲板　　　　（D）截止阀加盲法兰

31. 当管线打开时间需超过（　　）个班次才能完成时应在交接班记录中予以明确，确保班组间的充分沟通。
（A）1　　　　（B）2　　　　（C）3　　　　（D）4

32. 临时用电作业是指在生产或施工区域内临时性使用非标准配置（　　）V及以下的低电压电力系统不超过6个月的作业。
（A）110　　　　（B）220　　　　（C）380　　　　（D）500

33. 在开关上接引、拆除临时用电线路时，其（　　）开关应断电锁定管理。

    （A）下级   （B）本级   （C）上级   （D）上两级

34. 所有的临时用电线路必须采用耐压等级不低于（　　）V 的绝缘导线。

    （A）110   （B）220   （C）380   （D）500

35. 停电操作顺序为（　　）。

    （A）总配电箱—分配电箱—开关箱

    （B）开关箱—分配电箱—总配电箱

    （C）总配电箱—开关箱—分配电箱

    （D）分配电箱—开关箱—总配电箱

36. 所有配电箱（盘）、开关箱应在其安装区域内前方（　　）m 处用黄色油漆或警戒带作警示。

    （A）0.5   （B）1   （C）1.5   （D）2

37. 在距配电箱（盘）、开关及电焊机等电气设备（　　）m 范围内，不应存放易燃、易爆、腐蚀性等危险物品。

    （A）5   （B）10   （C）15   （D）20

38. 固定式配电箱、开关箱的中心点与地面的垂直距离应为（　　）m。

    （A）0.8～1.5   （B）0.8～1.6   （C）1.3～1.5   （D）1.4～1.6

39. 移动式配电箱、开关箱的中心点与地面的垂直距离宜为（　　）m。

    （A）0.8～1.5   （B）0.8～1.6   （C）1.3～1.5   （D）1.4～1.6

40. 使用电气设备或电动工具作业前，应由电气专业人员对其绝缘进行测试，Ⅰ类工具绝缘电阻不得小于（　　）MΩ，Ⅱ类工具绝缘电阻不得小于 7MΩ，合格后方可使用。

    （A）2   （B）3   （C）4   （D）5

41. 在一般作业场所，应使用Ⅱ类工具；若使用Ⅰ类工具时，应装设额定漏电动作电流不大于（　　）mA、动作时间不大于 0.1s 的漏电保护器。

    （A）10   （B）15   （C）20   （D）30

42. 行灯电源电压应不超过（　　）V，且灯泡外部有金属保护罩。

    （A）12   （B）24   （C）36   （D）48

43. 在特别潮湿场所、导电良好的地面、锅炉或金属容器内的照明电源，电压不得大于（　　）V。

    （A）12   （B）24   （C）36   （D）48

44. 根据动火场所、部位的危险程度，动火分为（　　）级。

    （A）一   （B）二   （C）三   （D）四

45. 输油气站场可产生油、气的封闭空间不包括（　　）。

    （A）天然气压缩机厂房   （B）配电室

    （C）计量间   （D）阀室

46. 下列属于一级动火作业的是（　　）。

    （A）在输油气站场可产生油、气的封闭空间内对油气管道及其设施的动火作业

(B) 在输气站场对动火部位相连的管道和设备进行油气置换，并采取可靠隔离后进行管道打开的动火作业

(C) 在燃料油、燃料气、放空和排污管道进行管道打开的动火作业

(D) 对运行管道的密闭开孔作业

47. 在运行的原油管道上焊接时，焊接处管内压力宜小于此段管道允许工作压力的（　　）倍。

(A) 0.3　　　　(B) 0.4　　　　(C) 0.5　　　　(D) 0.6

48. 在运行的成品油或天然气管道上焊接时，焊接处管内压力宜小于此处管道蕴蓄工作压力的（　　）倍。

(A) 0.3　　　　(B) 0.4　　　　(C) 0.5　　　　(D) 0.6

49. 动火作业区域内的输油气设备、设施应由（　　）操作。

(A) 作业申请人　　　　　　　　(B) 作业监护人

(C) 作业人员　　　　　　　　　(D) 输油气站人员

50. 需动火施工的部位及室内、沟坑内及周边的可燃气体浓度应低于爆炸下限值的（　　）。

(A) 5%　　　　(B) 10%　　　　(C) 20%　　　　(D) 25%

51. 动火前应采用至少（　　）个检测仪器对可燃气体浓度进行检测和复检。

(A) 1　　　　(B) 2　　　　(C) 3　　　　(D) 4

52. 动火开始时间距可燃气体浓度检测时间不宜超过（　　）min，但最长不应超过（　　）min。

(A) 10、30　　　　(B) 10、60　　　　(C) 30、30　　　　(D) 30、60

53. 对于采用氮气或其他惰性气体对可燃气体进行置换后的密闭空间和超过 1m 的作业坑内，作业前应进行（　　）检测。

(A) 可燃气体　　　　　　　　　(B) 含氧量

(C) 氮气　　　　　　　　　　　(D) 惰性气体

54. 动火作业监护人发生变化需经（　　）批准。

(A) 作业申请人　　　　　　　　(B) 作业监督人

(C) 作业批准人　　　　　　　　(D) 作业现场指挥

55. 如遇有（　　）级及以上大风不宜进行动火作业。

(A) 五　　　　(B) 六　　　　(C) 七　　　　(D) 八

56. 距动火点（　　）m 内所有漏斗、排水口、各类井口、排气管、管道、地沟等应封严盖实。

(A) 5　　　　(B) 10　　　　(C) 15　　　　(D) 20

57. 现场可燃气体浓度低于爆炸下限的（　　）时，方可启动车辆，使用通信、照相器材。

(A) 5%　　　　(B) 10%　　　　(C) 20%　　　　(D) 25%

58. 动火作业许可证由（　　）在动火前签发。

(A) 作业申请人　　　　　　　　(B) 作业监督人

(C) 作业批准人　　　　　　　　(D) 作业现场指挥

59. 动火作业许可证签发后，动火开始执行时间不应超过（　　）h。

（A）0.5　　　　　（B）1　　　　　（C）1.5　　　　　（D）2

60. 在规定的动火作业时间内没有完成动火作业，应办理动火延期，但延期后总的作业期限不宜超过（　　）h。

（A）8　　　　　（B）12　　　　　（C）24　　　　　（D）48

61. 对不连续的动火作业，则动火作业许可证的期限不应超过（　　）h。

（A）8　　　　　（B）12　　　　　（C）24　　　　　（D）48

62. 动火作业时，（　　）的管理人员应到动火现场进行监督。

（A）动火申请单位　　　　　　　　　（B）动火审批单位

（C）动火申请和动火审批单位　　　　（D）动火作业单位

63. （　　）应指定专人负责动火现场监护，并在动火方案中予以明确。

（A）动火申请单位　　　　　　　　　（B）动火审批单位

（C）动火申请和动火审批单位　　　　（D）动火作业单位

64. 动火作业中断超过（　　），继续作业前应当重新确认安全条件。

（A）15min　　　　（B）30min　　　　（C）45min　　　　（D）1h

二、判断题（对的画√，错的画×）

1. （　　）相关方不可以将其安全要求表达在作业许可证中。

2. （　　）制定了作业指导书的作业无须实行作业许可管理。

3. （　　）作业过程中出现异常情况应立即通知现场安全监督人员决定是否采取变更程序或应急措施。

4. （　　）进入受限空间作业应当办理作业许可证和进入受限空间作业许可证。

5. （　　）办理了进入受限空间作业许可证，可以在整个作业区域内进行所有作业区域和时间范围内使用。

6. （　　）进入受限空间作业前应进行气体检测，作业过程中应进行气体监测。

7. （　　）救援人员经过培训具备与作业风险相适应的救援能力，就可以实施救援。

8. （　　）连续挖掘超过一个班次的挖掘作业，每日作业前都应进行安全检查。

9. （　　）工程完成后，应自上而下拆除保护性支撑系统。

10. （　　）工程完成后，应先拆除支撑系统再回填作业坑。

11. （　　）挖出物可以堵塞下水道、窨井，但是不能堵塞作业现场的逃生通道和消防通道。

12. （　　）在人员密集场所或区域进行挖掘作业施工时，夜间应悬挂红灯警示。

13. （　　）在道路附近进行挖掘作业时应穿戴警示背心。

14. （　　）使用机械挖掘时，任何人都不得进入沟、槽和坑等挖掘现场。

15. （　　）常规的高处作业活动进行了风险识别和控制，并制定有操作规程，可不办理作业许可。

16. （　　）同一架梯子只允许一个人在上面工作，可以带人移动梯子。

17. （　　）作业人员可以在平台或安全网内等高处作业处短时休息。

18. （　　）起重机随机应备有安全警示牌、使用手册、载荷能力铭牌并根据现场情况进行设置。

19. （　　）无论何人发出紧急停车信号，起重机都应立即停车。

20. （　　）在加油时起重机应熄火，在行驶中吊钩应放平并固定牢固。

21. （　　）从法兰上去掉一个螺栓不属于管线打开作业。

22. （　　）更换阀门填料属于管线打开作业。

23. （　　）控制阀可以单独作为物料隔离装置。

24. （　　）移动电源及外部自备电源，可以接入电网。

25. （　　）临时用电作业实施单位不得擅自增加用电负荷，可以变更用电地点、用途。

26. （　　）所有的临时用电都应设置接地或接零保护。

27. （　　）室外的临时用电配电箱（盘）应设有防雨、防潮措施，不得上锁。

28. （　　）两台用电设备（含插座）可以使用同一开关直接控制。

29. （　　）电动工具导线可以不使用护套软线，只要导线两端连接牢固，中间没有接头就行。

30. （　　）紧急情况下的抢险动火，应实行动火作业许可管理。

31. （　　）可以在运行天然气储气罐和储油罐罐体进行动火作业。

32. （　　）场所内全部设备管网采取隔离、置换或清洗等措施并经检测合格后，可以不视为可产生油、气的封闭空间。

33. （　　）管道打开可以采用火焰切割方式。

34. （　　）油气管道进行多处打开动火作业时，对相连通的各个动火部位的动火作业不能进行隔离时，相连通的各个动火部位的动火作业可以同时进行。

35. （　　）封堵作业坑与动火作业坑之间的间隔不应小于1.5m。

36. （　　）场所内发生油气扩散时，距离远的车辆可以点火启动，可以使用防爆通信、照相器材。

37. （　　）动火作业中断后，动火作业许可证仍可继续使用。

第六章　事故事件与应急处置

一、**选择题**（每题 4 个选项，只有 1 个是正确的，将正确的选项号填入括号内）

1. 事故发生后，现场人员应（　　　）报告给本单位负责人。
   （A）在 10min 内　　　　　　　　（B）在 20min 内
   （C）在 30min 内　　　　　　　　（D）立即

2. 生产安全事故按类别分为：（　　　）、道路交通事故、火灾事故。
   （A）设备故障事故　　　　　　　（B）管道泄漏事故
   （C）人员伤亡事故　　　　　　　（D）工业生产安全事故

3. 根据《中国石油天然气股份有限公司生产安全事故管理办法》，某企业发生事故，死亡 22 人，重伤 7 人，该事故按级别划分为（　　　）。

（A）特别重大事故 （B）重大事故

（C）一般事故 （D）较大事故

4. 道路交通事故、火灾事故自发生之日起（　　）日内，事故造成的伤亡人数发生变化的，应当及时补报。

（A）3 （B）5 （C）7 （D）10

5. 从业人员经过安全教育培训，了解岗位操作规程，但未遵守而造成事故的，行为人应负（　　）责任，有关负责人应负管理责任。

（A）领导 （B）管理 （C）直接 （D）间接

6. 输油气站每（　　）至少组织一次应急预案演练。

（A）月 （B）周 （C）季度 （D）半年

7. 专项应急预案不包括的内容为（　　）。

（A）应急工作职责 （B）预警及信息报告

（C）应急处置措施 （D）注意事项

8. 下列不属于储油罐火灾爆炸应急处置操作的一项是（　　）。

（A）启动油罐消防系统

（B）拨打内外线 119 火警，有人员伤亡拨打 120 急救电话

（C）停全部运行炉类设备

（D）站控室示警，告知站内无关人员撤出站区

9. 下列不属于炉类设备火灾爆炸应急处置操作的一项是（　　）。

（A）紧急停事故炉，关闭炉进出口阀门

（B）停止罐区油罐收发油作业

（C）站控室示警，告知站内无关人员撤出站区

（D）停运炉燃料系统，关闭燃料油泵进出口阀

10. 下列不属于变电所火灾爆炸应急处置操作的是（　　）。

（A）迅速切断故障点电源和故障点上一级电源

（B）使用二氧化碳灭火器扑救初期火灾

（C）汇报上级调度和电力调度、值班干部（站领导）并通知各岗位

（D）关闭站区雨水、污水等外排水总阀门

11. 下列不属于变电所失电应急处置操作的一项是（　　）。

（A）运行人员根据现场信号和监控记录，判明是外线路停电还是内部原因停电

（B）告知周边居民撤离

（C）如外线路停电，应立即电话询问上级电业调度停电的原因及送电的时间

（D）如内部原因停电，应立即切断站内负荷侧所有开关

12. 下列不属于储油罐浮盘倾斜沉没应急处置操作的是（　　）。

（A）启动油罐消防冷水喷淋系统

（B）关闭事故罐中央排水罐排水阀，停用事故罐

（C）汇报上级调度、值班干部（站领导），并通知各岗位按调度令进行流程操作

（D）进行外围引导后续救援力量

13．下列不属于储油罐冒顶漏油应急处置操作的是（   ）。

（A）紧急倒罐，阻止事故罐继续进油

（B）如有条件采取措施降低事故罐罐位

（C）切断事故罐周边非防爆电源

（D）立即切断站内所有负荷开关

14．下列不属于站内工艺设备设施天然气泄漏应急处置操作的一项是（   ）。

（A）站控室示警，告知站内无关人员撤出站区；如有必要告知周边居民撤离

（B）关闭站区雨水、污水等外排水总阀门

（C）发现少量天然气泄漏，关闭泄漏点上下游阀门，切换流程，将泄漏管段放空

（D）发现大量天然气泄漏，启动紧急停输装置，切断非防爆电源

15．下列不属于管道穿越河流油品泄漏应急处置操作的一项是（   ）。

（A）关闭泄漏点上、下游阀室截断阀

（B）利用现场附近树木、稻草等抛投至河道中进行油品围堵以减缓油品扩散速度和范围

（C）在管道允许工作压力范围内，进行提压顶挤

（D）接报后，立即汇报上级调度、值班干部（站领导），申请停输

16．下列不属于急性职业中毒（窒息）事故应急处置操作的一项是（   ）。

（A）第一时间进入现场查看人员情况

（B）佩戴空气呼吸器，将中毒（窒息）人员由危险区域撤离至新鲜空气处

（C）拨打 120 急救电话

（D）由站场急救员对伤者进行适当急救

17．下列不属于道路交通事故应急处置操作的是（   ）。

（A）立即停车熄火，开启危险报警灯，在来车方向道路上放置三角警示架

（B）事故现场如果有人员受伤，立即拨打 120 急救电话

（C）报交警 122 和保险公司，保护事故现场

（D）迅速撤离现场恢复交通

二、判断题（对的画√，错的画×）

1．（   ）发生 30 人及以上死亡，或 100 人及以上重伤，或直接经济损失 1 亿元以上的生产安全事故属于特别重大事故。

2．（   ）未遂事件是指造成人员轻伤以下或直接经济损失小于 1000 元的情况。

3．（   ）对于承包商在对各单位提供服务过程中发生的事故，也应参照规定进行报告。

4．（   ）中国石油所属单位应当针对可能发生的突发生产安全事件，编制生产安全综合应急预案、专项应急预案、现场处置预案（方案）和处置卡。

5．（   ）应急处置卡应当包括应急工作职责、应急处置措施和注意事项等内容。

6.（　　）当输油气站场发生火灾爆炸时，运行人员如发现现场失控或危及自身安全，应及时撤离现场。

7.（　　）当输油气站场发生油品泄漏时，进入现场必须穿戴好空气呼吸器，防止油气中毒。当空气呼吸器低压报警时，必须立即撤离现场。

8.（　　）当输油气管道发生油品泄漏时，现场必须进行烟火管制和交通管制，不得使用手机、摄像等非防爆设备。

9.（　　）当输油气管道穿越河流油品泄漏时，水域周围人员穿戴救生衣，防止出现人员落水、溺水。

10.（　　）在高速公路上发生事故时，应将人员疏散到车前 50m、高速公路以外区域。

11.（　　）抢险作业现场应使用防爆灯具、防爆工具和防爆设备。

12.（　　）人口密集区发生油品泄漏事故后，第一时间向附近企事业单位及居民通报事故信息，告知其紧急撤离。

13.（　　）根据可燃气体监测探边结果，在燃气浓度为 0%的边界应实行危险区域警戒。

第七章　典型事故案例

一、选择题（每题 4 个选项，只有 1 个是正确的，将正确的选项号填入括号内）

1. 下列属于重大环境事故的是（　　）。
   （A）因环境污染直接导致 30 人以上死亡或 100 人以上中毒或重伤的
   （B）因环境污染疏散、转移人员 1 万人以上 5 万人以下的
   （C）因环境污染造成直接经济损失 500 万元以上 2000 万元以下的
   （D）因环境污染造成跨县级行政区域纠纷，引起一般性群体影响的

2. 下列不属于施工作业噪声控制措施的一项是（　　）。
   （A）施工现场的强噪声设备应搭设封闭式机棚
   （B）施工现场尽可能设置在远离居民区一侧
   （C）建筑施工场界环境噪声排放限值昼间 80dB 夜间 60dB
   （D）夜间施工作业可采用隔音布、低噪声震捣棒等方法

3. 下列不属于施工作业固体废弃物处置措施的一项是（　　）。
   （A）施工过程产生的固体废弃物较少时可直接就地掩埋或倒入附近水体
   （B）施工生产过程中产生的固体废弃物应分类存放
   （C）施工生产过程中产生危险废弃物应送到有资质的机构处置
   （D）固体废弃物容器要有特别的标识

4. 下列不属于施工作业陆上溢油应急处置措施的一项是（　　）。
   （A）通过抽水泵、撇油器、抽吸系统等对围堰、集油坑内（沟）溢油进行回收
   （B）对溢油点周边全部受影响土壤进行清运，选择合适地点掩埋
   （C）对周边水井进行监测，判断溢油是否影响地下水

（D）围堰、集油坑、导流渠等全部地面设施应铺设三层以上防渗膜，防止溢油落地

5．营地布局离施工地点应在（　　）m 以上，尽量避免有毒有害物及噪声对身体的影响。

（A）50　　　　　（B）100　　　　　（C）200　　　　　（D）500

6．动火作业许可证签发后，至动火开始执行时间不应超过（　　）h。

（A）1　　　　　（B）2　　　　　（C）3　　　　　（D）4

7．以下（　　）行为不属于二级动火。

（A）在油气管道及其设施上不进行管道打开的动火作业

（B）对运行管道的密闭开孔作业

（C）在燃料油、燃料气、放空和排污管道进行管道打开的动火作业

（D）在站场工艺围栏上进行焊接作业

8．用气焊（割）动火作业时，氧气瓶与乙炔气瓶的间隔不小于（　　）m，且乙炔气瓶严禁卧放，二者与动火作业地点距离不得小于（　　）m，禁止在烈日下曝晒。

（A）3，6　　　　（B）4，8　　　　（C）5，10　　　　（D）6，10

9．动火作业现场（　　）m 范围内应做到无易燃物，施工、消防及疏散通道应畅通。

（A）10　　　　　（B）15　　　　　（C）20　　　　　（D）30

10．输油气站场在所辖区域内进行（　　）不应实行作业许可管理。

（A）承包商完成非常规作业　　　　（B）未形成作业指导书作业

（C）日常维修计划作业　　　　　　（D）交叉作业

11．承包商申请办理作业许可证时，需提供相关附图，如作业环境图、工艺流程图和（　　）。

（A）工艺安装图　　　　　　　　　（B）电气平面图

（C）管道走向图　　　　　　　　　（D）平面布置图

12．作业许可证的有效期限一般不超过（　　）h。

（A）8　　　　　（B）12　　　　　（C）24　　　　　（D）48

13．下列不属于承包商违章行为的是（　　）。

（A）未按规定佩戴劳动防护用品

（B）特种作业持证者操作

（C）无票证从事危险作业

（D）擅自拆除、挪用站场安全防护设施

14．项目建设单位每（　　）对承包方的 HSE 表现给出评估，并告知承包方每次的评估结果。

（A）周　　　　　（B）月　　　　　（C）季　　　　　（D）年

15．挖掘作业是指挖掘深度超过（　　）m 的作业，工作前都应当进行工作前安全分析，办理作业许可证。

（A）0.5　　　　（B）1　　　　　（C）2　　　　　（D）2.5

16．如果坑的深度等于或大于（　　）m，可能存在危险性气体的挖掘现场，要进行气体检测。

（A）1.0　　　　（B）1.2　　　　（C）1.5　　　　（D）2.0

17. 当先布管后挖沟时，沟边与管材的净距离大于（   ）m，同时，采取可靠的措施将管子固定牢靠，以防止管子滚落入沟槽伤人。

    (A) 0.5   (B) 1.0   (C) 1.5   (D) 2.0

18. 机械开挖管沟作业时，管顶上方保留的覆土厚度不应少于（   ）m。对于带管堤管段，机械开挖可以控制在管顶上方（   ）m。

    (A) 0.5，0.3   (B) 0.6，0.4
    (C) 0.7，0.5   (D) 0.8，0.5

19. 下列不属于挖掘作业的安全控制措施的一项是（   ）。

    (A) 隐蔽设施调查   (B) 灭火器材
    (C) 放坡支撑   (D) 护栏警示

20. 下列不属于关键性吊装作业的是（   ）。

    (A) 货物载荷达到额定起重能力的 75%
    (B) 未使用牵引绳控制货物的摆动
    (C) 货物需要一台以上的起重机联合起吊的
    (D) 吊臂越过障碍物起吊，操作员无法目视且仅靠指挥信号操作

21. 在大雪、暴雨、大雾等恶劣天气及风力达到（   ）级，应停止起吊作业，并卸下货物，收回吊臂。

    (A) 4   (B) 5   (C) 6   (D) 7

22. 关于起重安全操作以下选项不正确的是（   ）。

    (A) 禁止将引绳缠绕在身体的任何部位
    (B) 各种物件起吊前无须试吊，可直接起吊
    (C) 在加油时起重机应熄火，在行驶中吊钩应收回并固定牢固
    (D) 起重机司机必须巡视工作场所，确认支腿已按要求垫枕木

23. 起重作业指挥人员应佩戴标识，并与起重机司机保持可靠的沟通，首选沟通方式为（   ）沟通。

    (A) 视觉   (B) 对讲机   (C) 手机   (D) 扩音器

24. 出现下列（   ）情况，应更换钢丝绳和吊钩。

    (A) 1 个绳节距上有 4 个断丝
    (B) 个绳节距内 1 绳股上有 2 个断丝
    (C) 在吊钩最狭窄的位置上测量，开口拉伸量超过正常开口 10%
    (D) 钢丝绳外径磨损量达到三分之一

25. 我国规定，适用于一般环境的安全电压为（   ）V。

    (A) 12   (B) 24   (C) 36   (D) 48

26. 绝缘靴子与手套的检查和试验周期为（   ）。

    (A) 1 个月   (B) 3 个月   (C) 6 个月   (D) 12 年

27. 电气设备操作过程中，如果发生疑问或异常现象，应（   ）。

    (A) 继续操作   (B) 停止操作及时汇报

（C）汇报后继续操作 （D）判明原因继续操作

28．在操作中发现误拉刀闸时，在电弧未断开时应（　　）。
（A）立即断开 （B）立即合上
（C）缓慢断开 （D）停止操作

29．交接班制度规定，禁止在事故处理或倒闸操作中交接班。交接班时发生事故，未办理手续前（　　）处理。
（A）由接班人 （B）由交班与接班人共同
（C）由交班人 （D）由值班干部

30．夜间行车的主要安全风险是（　　）。
（A）对面车辆的灯光造成驾驶员炫目
（B）轮胎与路面之间附着系数减小
（C）容易造成发动机进水
（D）陡坡、急转弯多，驾驶员视线受阻

31．雨天行车的主要安全风险是（　　）。
（A）对面车辆的灯光造成驾驶员炫目
（B）轮胎与路面之间附着系数减小
（C）高速行驶容易爆胎
（D）陡坡、急转弯多，驾驶员视线受阻

32．雾天行车的主要安全风险是（　　）。
（A）容易造成发动机进水
（B）轮胎与路面之间附着系数减小
（C）高速行驶容易爆胎
（D）能见度低，引发交通事故

33．冰雪天行车的主要安全风险是（　　）。
（A）高速行驶容易爆胎
（B）轮胎与路面之间附着系数减小
（C）出现横风造成车辆侧滑侧翻
（D）陡坡、急转弯多，驾驶员视线受阻

34．高速公路行车的主要安全风险是（　　）。
（A）车速快容易造成严重事故
（B）对面车辆的灯光造成驾驶员炫目
（C）出能见度低，引发交通事故
（D）陡坡、急转弯多，驾驶员视线受阻

35．下列不属于管道第三方施工监护人"四清"的是（　　）。
（A）施工作业内容 （B）建设及施工单位
（C）管道运行参数 （D）管道及周边情况

36．第三方实施定向钻、顶管施工作业时，要在管道可视的情况下平稳穿越，距离管道中心线 3～5m 内开挖监测槽，监测槽深度大于管道底部（　　）m。

（A）0.5　　　　　（B）1　　　　　（C）1.5　　　　　（D）2

37．下列不属于第三方施工单位权利义务的是（　　）。

（A）依照地方政府审批后的方案进行施工，不得损失管道及其附属设施

（B）必须在管道监护人的监护下施工

（C）支付管道安全保证金及开挖探测等相关费用

（D）提出管道安全防护技术要求

38．在管道线路中心线两侧各（　　）m 地域范围内，禁止种植可能损坏管道防腐层的深根植物。

（A）3　　　　　（B）5　　　　　（C）8　　　　　（D）10

39．在穿越河流的管道线路中心线两侧（　　）m 地域范围内，禁止抛挖砂、采石、水下爆破。

（A）100　　　　（B）200　　　　（C）500　　　　（D）1000

40．坠落防护应通过采取消除坠落危害、坠落预防和坠落控制等措施来实现。坠落防护措施首选是（　　）。

（A）尽量选择在地面作业，避免高处作业

（B）设置永久性楼梯和护栏

（C）使用带升降工作平台或脚手架

（D）配备全身式安全带和安全绳

41．下列不属于个人坠落保护系统的是（　　）。

（A）安全绳　　　（B）安全带　　　（C）缓冲器　　　（D）安全帽

42．禁止上下垂直进行高处作业，（　　）m 以上的高处作业与地面联系应设有相应的通信装置。

（A）10　　　　　（B）20　　　　　（C）30　　　　　（D）40

43．下列关于脚手架作业安全说法错误的是（　　）。

（A）脚手架搭设作业单位应具有脚手架作业相关资质

（B）使用者可利用脚手架横杆作爬梯

（C）脚手架外侧应采用密目式安全网做全封闭，不得留有空隙

（D）脚手架实行绿色和红色标识管理

44．受限空间内气体检测（　　）min 后，仍未开始作业，应重新进行检测；如作业中断，再次进入之前应重新进行气体检测。

（A）10　　　　　（B）20　　　　　（C）30　　　　　（D）40

45．受限空间内外的氧浓度应一致。若不一致，在授权进入受限空间之前，应确定偏差的原因，氧浓度应保持在（　　）。

（A）18.5%～22.5%　　　　　　　（B）19.5%～23.5%

（C）20.5%～24.5%　　　　　　　（D）21.5%～25.5%

46．进入受限空间作业照明应使用安全电压不大于（　　）V 的安全行灯。金属设备内和

特别潮湿作业场所作业,其安全行灯电压应为( )V且绝缘性能良好。

(A)24,12　　　(B)36,12　　　(C)36,24　　　(D)48,12

47. 为防止受限空间含有易燃气体或蒸发液在开启时形成有爆炸性的混合物,可用惰性气体( )进行清洗。

(A)氧气　　　(B)二氧化碳　　　(C)氮气　　　(D)氢气

48. 受限空间的出入口内外不得有( )。

(A)安全标志　　　(B)标志牌　　　(C)障碍物　　　(D)任何物体

49. 下列不是受限空间场所的一项是( )。

(A)储油罐内　　　(B)阀门井内　　　(C)直接炉内　　　(D)防火堤内

二、判断题(对的画√,错的画×)

1. ( ) 在施工作业中,对环境敏感区或特殊环境段(点)应设立标志或警示牌。

2. ( ) 在施工作业中,设备和车辆清洗产生的含有油污的污水量较少,可直接排放到附近水体、田地中,不用设置专用回收装置。

3. ( ) 在施工作业前,应探明施工作业场所地下管道等隐蔽物,防止破坏原有地下管道等隐蔽物,造成油品泄漏环境污染。

4. ( ) 距动火点 5m 内所有的排水口、各类井口、排气管、管道、地沟等应封严盖实。

5. ( ) 用气焊(割)动火作业时,氧气瓶乙炔瓶严禁在烈日下暴晒。

6. ( ) 严禁在运行天然气储气罐及储油罐罐体进行动火作业。

7. ( ) 在所辖区域内进行由承包商完成的非常规作业应实行作业许可管理。

8. ( ) 建设(工程)项目实行总承包的,总承包单位负责对分包单位实行全过程安全监管,但不承担分包单位的安全生产连带责任。

9. ( ) 作业计划书应包括项目概况、人员能力及设备状况、新增危害因素辨识与主要风险提示、风险控制措施和应急预案。

10. ( ) 所有挖掘作业在施工准备阶段,都必须对施工区域的地下及周边情况进行调查,明确地下设施的位置、走向、深度及可能存在的危害,在输油气主干线作业及地下埋藏物不清楚时必须采用探测设备进行探测。

11. ( ) 雷雨天气应停止挖掘作业,雨后复工时,应检查挖掘现场的土壁稳定和支撑牢固情况,发现问题及时采取措施,防止骤然崩坍。

12. ( ) 一般生产安全事故不需向集团公司安全主管部门报告。

13. ( ) 起重机吊臂回转范围内应采用警戒带或其他方式隔离,无关人员不得进入该区域内。

14. ( ) 负荷较小时起重机可带载行走,但无论何人发出紧急停车信号都应立即停车。

15. ( ) 需在电力线路附近使用起重机时,起重机与电力线路应符合安全距离;在没有明确告知的情况下,所有电线电缆均应视为带电电缆。

16. ( ) 停电拉闸操作必须按照断路器(开关)—负荷侧隔离开关(刀闸)—电源侧隔离开关(刀闸)的顺序依次进行,送电合闸操作应按与上述相反的顺序进行。

17. （ ）倒闸操作必须由两人执行，其中一人对设备较为熟悉者操作。

18. （ ）装设接地线时必须先装接地端，后装导体端。

19. （ ）对各种违章指挥，驾驶员有权拒绝驾驶车辆。

20. （ ）带车人有责任监督驾驶员安全行驶，有权纠正驾驶员违法和违章违纪行为，遇有突发事件有义务与驾驶员共同处置。

21. （ ）输油气站在确认管道第三方施工有效信息后，应立即与第三方取得联系并送达管道安全保护告知书。

22. （ ）如第三方施工单位强行施工，输油气站应立即报告当地人民政府主管管道保护工作部门协调制止，并安排人员现场监护。

23. （ ）在紧急情况下进行管道抢修作业，给土地或者设施的所有权人或者使用权人造成损失的，管道企业可以不予赔偿。

24. （ ）管道企业应当建立、健全管道巡护制度，配备专门人员对管道线路进行日常巡护，管道巡护人员发现危害管道安全的情形或者隐患，应当及时制止和报告。

25. （ ）禁止在不牢固的结构物上进行作业，禁止在孔洞边缘或安全网内休息。

26. （ ）高处作业禁止投掷工具、材料和杂物等，作业点下方应设安全警戒区，应有明显警戒标志，并设专人监护。

27. （ ）高处作业人员应系好安全带，戴好安全帽，衣着灵便，禁止穿带钉易滑的鞋。

28. （ ）进入受限空间前应事先编制隔离核查清单，隔离相关能源和物料的外部来源，与其相连的附属管道应断开或盲板隔离，相关设备应在机械上和电气上被隔离并挂牌、锁定。

29. （ ）对于用钥匙、工具打开的受限空间，打开时应在进入点附近设置警示标识。无需工具、钥匙就可进入的受限空间，应设置固定的警示标识。

30. （ ）进入受限空间期间，应进行气体监测；气体监测宜优先选择连续监测方式，若采用间断性监测，间隔不应超过 4h。

练习题答案

第一章　安全理念与要求

一、选择题

1．D　　2．D　　3．C　　4．A　　5．A　　6．D　　7．B　　8．D　　9．C
10．C　　11．A　　12．B　　13．A　　14．C　　15．D　　16．D　　17．D　　18．C
19．D　　20．B　　21．C

二、判断题

1．×正确答案：法律是法律体系中的上位法，地位和效力仅次于宪法，高于行政法规、地方性法规、部门规章、地方政府规章等下位法。　2．√　3．√　4．√　5．√6．√
7．√　8．√　9．√　10．√　11．√　12．×正确答案：所有员工都应主动接受HSE培训，经考核合格，取得相应工作资质后方可上岗。　13．×正确答案：危害识别与风险评估是一切HSE工作的基础，也是员工必须履行的一项岗位职责，任何作业活动之前，都必须进行危害识别和风险评估。　14．√　15．√　16．√

第二章　风险防控方法与工作程序

一、选择题

1．B　　2．A　　3．D　　4．A　　5．C　　6．B　　7．B　　8．A　　9．C
10．B　　11．B　　12．C　　13．C　　14．B　　15．A　　16．A

二、判断题

1．×正确答案：风险指某一特定危害事件发生的可能性，与随之引发的人身伤害或健康损失、损坏或其他损失的严重性的组合（风险=可能性×后果的严重程度）。　2．√　3．√
4．√　5．√　6．√　7．×正确答案：风险评估矩阵（RAM）是基于对以往发生的事故事件的经验总结，通过解释事故事件发生的可能性和后果严重性来预测风险大小，并确定风险等级的一种风险评估方法。8．√　9．√　10．√　11．√　12．√　13．×正确答案：风险控制策划原则：优先遵循"消除、预防、减小、隔离、个体防护、警告"的原则。14．√　15．×正确答案：安全危害因素识别范围包括常规活动、非常规活动，所有进入现场工作人员，所有设施、设备。 16．×正确答案：针对安全风险评价结果，对较高、高度风险要重点制定风险控制措施。对中、低风险应保持现有控制措施的有效性，并予以监控。17．√

第三章　基础安全知识

一、选择题

1．D　2．D　3．D　4．C　5．A　6．D　7．C　8．B　9．D
10．D　11．D　12．C　13．B　14．C　15．D　16．C　17．A　18．C
19．A　20．C　21．D　22．B　23．D　24．B　25．C　26．B　27．B
28．D　29．D　30．A　31．C　32．B　33．C　34．B　35．D　36．D
37．B　38．C

二、判断题

1．√　2．×正确答案：任何情况下，近视镜都不能当作防护眼镜使用。　3．√　4．×正确答案：过滤元件按过滤性能分为 KN 和 KP 两类，KN 类只适用于过滤非油性颗粒物，KP 类适用于过滤油性和非油性颗粒物。　5．√　6．√　7．√　8．×正确答案：输油泵房（区）、阀室、加热炉区、计量间等 B 类以及使用、输送天然气等 C 类火灾场所应选择碳酸氢钠干粉灭火器、磷酸铵盐干粉灭火器。9．√　10．×正确答案：在高压设备上进行部分停电工作时，为了防止工作人员走错位置，误入带电间隔或接近带电设备至危险距离，一般采用隔离板或临时遮栏进行防护，并在其上粘贴或悬挂"止步，高压危险！"的标志牌。　11．×正确答案：安全带是防止高处作业人员发生坠落或发生坠落后将作业人员安全悬挂的个体防护装备。使用坠落悬挂安全带的挂点应位于垂直于工作平面上方位置，即高挂低用，在任何情况下，禁止将安全带低挂高用使用。　12．√　13．×正确答案：甲烷不属于有毒气体。周围环境中甲烷气体浓度过高时，会因空气中氧含量明显下降而使人窒息。　14．×正确答案：只有经过正式培训，审验合格，持《中华人民共和国机动车驾驶证》和《中国石油管道公司机动车准驾证》的人员，方能驾驶本单位机动车辆。15．√　16．√　17．√　18．×正确答案：对于外聘或随车的外部驾驶员年龄必须在 55 周岁以下，并且有当年县级以上医院出具的体检合格证明，同时，必须具有驾驶同种车型 2 年以上的经验。　19．×正确答案：当触电者脱离电源后，对心搏停止、呼吸存在者，应及时采用胸外心脏按压法进行救治。　20．√　21．×正确答案：当进入存在高浓度天然气环境中时，应佩戴空气呼吸器。　22．√　23．√　24．×正确答案：气体燃烧分为扩散燃烧和动力燃烧，可燃气体与空气边混合边燃烧，这种燃烧就称为扩散燃烧（或称稳定燃烧）。25．√　26．√　27．×正确答案：用水扑救火灾，其主要作用就是冷却灭火（使可燃物的温度降低到自燃点以下，从而使燃烧停止）。　28．√　29．√

第四章　油气管道操作安全

一、选择题

1．B　2．B　3．C　4．B　5．A　6．B　7．C　8．A　9．D

10．C　11．C　12．A　13．C　14．B　15．A　16．C　17．C　18．A

19．B　20．B　21．B　22．B　23．D　24．A　25．B　26．D　27．A

28．B　29．C　30．B　31．B　32．B

二、判断题

1．×正确答案：外来施工人员的劳动防护用品自行配置，但应符合规定要求。　2．√　3．×正确答案：进入储油罐防火堤内，严禁使用非防爆照相、摄像器材。4．×正确答案：发生紧急情况时，外来人员应听从现场指挥，按规定的逃生路线紧急疏散、迅速撤离危险场所。　5．√　6．×正确答案：清管器收发球筒不宜长期带压。7．√　8．×正确答案：浮顶罐投运进油时，在浮船升起之前，浮船上不应有人，并应控制进油速度。　9．√

10．×正确答案：进行高压验电时，不可一人单独验电，身旁要有人监护。　11．×正确答案：工艺流程操作开关阀门时，遵循先开后关、缓开缓关的原则进行操作。　12．×正确答案：切换流程应按流程切换作业指导书进行。具有高、低压衔接部位的流程，操作时必须先导通低压部位，后导通高压部位。13．×正确答案：油管线加热输送由正输倒全越站流程时，先停炉后停泵。　14．×正确答案：排污操作时，在排污区域内不应动火。

15．×正确答案：管道监护人员到第三方施工现场应做到"四清"：第三方施工内容清、施工单位及建设单位清、管道基本状况清和管道警示标识清。　16．×正确答案：管道阴极保护电气测量连接时，先将引线与测试仪器相连，再连接引线与管道。　17．√　18．×正确答案：推闸刀开关时，身体要偏斜些，要一次推足。　19．√　20．√　21．√22．√

23．×正确答案：存放梯子时，应将其横放并固定。　24．×正确答案：不得在脚手架基础及其邻近处进行挖掘作业。

第五章　危险作业管理

一、选择题

1．A　2．D　3．D　4．B　5．C　6．C　7．D　8．A　9．A

10．D　11．B　12．C　13．C　14．C　15．A　16．A　17．C　18．B

19．C　20．B　21．C　22．C　23．D　24．C　25．B　26．B　27．A

28．A　29．C　30．B　31．C　32．C　33．C　34．D　35．B　36．B

37．C　38．C　39．C　40．C　41．C　42．C　43．A　44．C　45．B

46．A　47．C　48．B　49．D　50．B　51．B　52．C　53．C　54．D

55．A　56．C　57．B　58．D　59．D　60．C　61．A　62．C　63．D

64．B

二、判断题

1．×正确答案：相关方可以将其安全要求表达在作业许可证中。　　2．√　3．×正确答案：作业过程中出现异常情况，应立即停止作业，并通知现场安全监督人员，由安全监督人员和现场作业负责人决定是否采取变更程序或应急措施。　4．√　5．×正确答案：进入受限空间作业许可证是现场作业的依据，只限在指定的作业区域和时间范围内使用。

6．√　7．×正确答案：救援人员应经过培训，具备与作业风险相适应的救援能力，确保在正确穿戴个人防护装备和使用救援装备的前提下实施救援。8．√　9．×正确答案：工程完成后，应自下而上拆除保护性支撑系统。　　10．×正确答案：工程完成后，回填和支撑系统的拆除应同步进行。　　11．×正确答案：挖出物或其他物料不得堵塞下水道、窨井以及作业现场的逃生通道和消防通道。　12．√　13．√　14．√　15．√　16．×正确答案：同一架梯子只允许一个人在上面工作，不准带人移动梯子。　　17．×正确答案：作业人员禁止在平台、孔洞边缘、通道或安全网内等高处作业处休息。18．√　19．√

20．×正确答案：在加油时起重机应熄火，在行驶中吊钩应收回并固定牢固。　　21．×正确答案：从法兰上去掉一个或多个螺栓均属于管线打开作业。　　22．√　23．×正确答案：控制阀不能单独作为物料隔离装置，如果必须使用控制阀门进行隔离，应制定专门的操作规程确保安全隔离。　　24．×正确答案：各类移动电源及外部自备电源，不得接入电网。　　25．×正确答案：临时用电作业实施单位不得擅自增加用电负荷，变更用电地点、用途。　　26．√　　27．×正确答案：室外的临时用电配电箱（盘）还应设有安全锁具，有防雨、防潮措施。　　28．×正确答案：严禁两台或两台以上用电设备（含插座）使用同一开关直接控制。　　29．×正确答案：电动工具导线必须为护套软线。导线两端连接牢固，中间不许有接头。　　30．×正确答案：紧急情况下的抢险动火，应按相应的应急预案执行。　　31．×正确答案：不应在运行天然气储气罐及储油罐罐体进行动火作业。32．√33．×正确答案：管道打开应采用机械或人工冷切割方式。　　34．×正确答案：在对油气管道进行多处打开动火作业时，应对相连通的各个动火部位的动火作业进行隔离；不能进行隔离时，相连通的各个动火部位的动火作业不应同时进行。　　35．×正确答案：封堵作业坑与动火作业坑之间的间隔不应小于1m。　　36．×正确答案：场所内发生油气扩散时，所有车辆不应点火启动，不应使用任何非防爆通信、照相器材。　　37．×正确答案：动火作业中断后，动火作业许可证应重新签发。

第六章　事故事件与应急处置

一、选择题

1．D　2．D　3．B　4．C　5．C　6．C　7．B　8．C　9．B
10．D　11．B　12．A　13．D　14．B　15．C　16．A　17．D

二、判断题

1．√　2．×正确答案：未遂事件是指已经实际发生但没有造成人员伤亡、财产损失和环境污染后果的情况。 3．√ 4．√ 5．×正确答案：应急处置卡应当包括岗位应急处置程序和措施，以及相关联络人员和联系方式，便于从业人员携带。 6．√ 7．√ 8．√ 9．√ 10．×正确答案：在高速公路上发生事故时，应将人员疏散到车前 150m、高速公路以外区域。 11．√ 12．√ 13．×正确答案：在燃气浓度为 0％的边界应实行外围警戒，在油气浓度达到爆炸下限 10％的边界和抢险施工范围应实行危险区域警戒。

第七章 典型事故案例

一、选择题

1．B 2．C 3．A 4．B 5．B 6．B 7．D 8．C 9．C
10．C 11．D 12．A 13．B 14．B 15．A 16．B 17．B 18．D
19．B 20．B 21．B 22．B 23．A 24．D 25．C 26．C 27．B
28．B 29．C 30．A 31．F 32．D 33．B 34．A 35．C 36．C
37．D 38．B 39．C 40．A 41．F 42．C 43．B 44．C 45．B
46．A 47．C 48．C 49．D

二、判断题

1．√ 2．×正确答案：在施工作业中，设备和车辆的清洗在固定场所进行，禁止将含有油污的污水直接排放到水体、田地等环境中，应设置专用回收装置，移送到有资质的机构处置。 3．√ 4．×正确答案：距动火点 15m 内所有的排水口、各类井口、排气管、管道、地沟等应封严盖实。 5．√ 6．√ 7．√ 8．×正确答案：建设（工程）项目实行总承包的，总承包单位对分包单位实行全过程安全监管，并对分包单位的安全生产承担连带责任。 9．√ 10．√ 11．√ 12．×正确答案：一般生产安全事故，在事故发生后 1h 之内向集团公司安全主管部门报告。 13．√ 14．×正确答案：任何情况下严禁起重机带载行走，无论何人发出紧急停车信号都应立即停车。 15．√ 16．√ 17．×正确答案：倒闸操作必须由两人进行，其中一人对设备较熟悉者担任监护，另一人执行操作。18．√ 19．√ 20．√ 21．√ 22．√ 23．×正确答案：在紧急情况下进行管道抢修作业，可以先行使用他人土地或者设施，给土地或者设施的所有权人或者使用权人造成损失的，管道企业应当依法给予赔偿。 24．√ 25．√ 26．√ 27．√ 28．√ 29．√ 30．×正确答案：进入受限空间期间，应进行气体监测；气体监测宜优先选择连续监测方式，若采用间断性监测，间隔不应超过 2h。

参考文献

[1] 注册安全工程师执业资格考试命题研究中心. 安全生产法律法规. 成都：电子科技大学出版社，2017.

[2] 中国石油天然气集团公司安全环保部. 中国石油天然气集团公司HSE管理原则学习手册. 北京：石油工业出版社，2009.

[3] 中国石油天然气集团公司安全环保部. 中国石油天然气集团公司反违章禁令学习手册. 北京：石油工业出版社，2008.

[4]《油气管道安全管理》编委会. 油气管道安全管理. 北京：石油工业出版社，2011.

[5] 中国石油天然气集团公司安全环保部. HSE风险管理理论与实践. 北京：石油工业出版社，2009.

[6] 中国石油天然气集团公司安全环保与节能部. HSE管理体系基础知识. 北京：石油工业出版社，2012.

[7] 彭力，李发新. 危害辨识与风险评价技术. 北京：石油工业出版社，2001.

[8] 中国石油天然气集团公司安全环保部. 输油工安全手册. 北京：石油工业出版社，2008.

[9] 中国石油天然气集团公司安全环保部. 输气工安全手册. 北京：石油工业出版社，2010.

[10] 中国石油天然气集团公司安全环保与节能部. 天然气压缩机操作工安全手册. 北京：石油工业出版社，2015.

[11] 刘景凯. 企业突发事件应急管理. 北京：石油工业出版社，2010.

[12] 中国石油天然气集团公司安全环保与节能部. 工作前安全分析实用手册. 北京：石油工业出版社，2013.

[13] 王秀军. 作业安全分析(JSA)指南. 北京：中国石化出版社，2014.

[14] 中国石油天然气集团公司安全环保部. 石油石化员工应急知识读本. 北京：石油工业出版社，2011.

[15]《石油员工安全教育漫画读本》编写组. 石油员工安全教育漫画读本. 北京：石油工业出版社，2015.